全国职业院校机电类专业课程改革教材

机械制造工艺与机床夹具设计指导书（毕业设计指导）

主　编　胡　岗
副主编　雷长贵
参　编　蔡燕华
主　审　严　勇　费　蓉

机械工业出版社

本书作为毕业设计用指导书，以若干典型零件的工艺规程设计及专用夹具设计作为毕业设计的内容，介绍了毕业设计的目的、工作要求、进度安排、成绩评定、设计步骤及格式规范，并详列了若干设计示例。考虑到毕业设计时学生往往很难找到合适的设计手册和参考资料，本书特地辑录了部分常用的机械加工工艺规程设计和机床专用夹具设计的相关资料。同时为了方便教师布置设计任务，本书还收集、整理了中等复杂程度的各类机械零件图样20余幅，供教师选用和参考。

本书包括四部分内容：第一部分为毕业设计指导规范，第二部分为毕业设计示例，第三部分为技术资料辑录，第四部分为毕业设计题目（图样）选编。

本书可用作职业院校、技工类院校机械类各专业学生在进行机械制造工艺与机床夹具设计（毕业设计）时的指导用书，也可用作相关设计指导教师参考书。

图书在版编目（CIP）数据

机械制造工艺与机床夹具设计指导书/胡岗主编. —北京：机械工业出版社，2013.10（2021.1重印）
全国职业院校机电类专业课程改革教材
ISBN 978-7-111-43710-9

Ⅰ.①机… Ⅱ.①胡… Ⅲ.①机械制造工艺-毕业实践-高等职业教育-教学参考资料②机床夹具-毕业实践-高等职业教育-教学参考资料 Ⅳ.①TH16②TG75

中国版本图书馆CIP数据核字（2013）第190894号

机械工业出版社（北京市百万庄大街22号 邮政编码100037）
策划编辑：赵志鹏 责任编辑：赵志鹏
责任校对：陈 越 封面设计：马精明
责任印制：常天培
北京虎彩文化传播有限公司印刷
2021年1月第1版第5次印刷
184mm×260mm · 12印张 · 2插页 · 292千字
标准书号：ISBN 978-7-111-43710-9
定价：33.00元

电话服务 网络服务
客服电话：010-88361066 机 工 官 网：www.cmpbook.com
010-88379833 机 工 官 博：weibo.com/cmp1952
010-68326294 金 书 网：www.golden-book.com
 机工教育服务网：www.cmpedu.com

前　言

本书是基于高技能人才培养的现实需求，为进一步优化课程体系，培养学生核心能力而开发的专业教材。本书主要用于指导职业院校、技工类院校机械类各专业学生做好机械制造工艺与机床夹具设计的毕业设计课题。

本书包含下述内容：

第一部分为毕业设计指导规范，主要是对毕业设计的目的、内容、工作要求、进度安排及成绩评定进行了介绍，特别对毕业设计说明书撰写规范进行了较为详尽的介绍。

第二部分为毕业设计示例，通过几个典型的中等复杂程度零件的工艺规程设计和专用夹具设计示例，以期给学生提供一个符合毕业设计要求的规范格式或范例，其中包括毕业设计说明书、各类工艺文件和专用夹具设计图样。

第三部分为技术资料辑录，以方便学生和指导教师查找。

第四部分为毕业设计题目（图样）选编，收集、整理了中等复杂程度的各类机械零件图样20余幅，以供教师选用和参考。

本书可作为职业院校、技工类院校机械类各专业学生在进行机械制造工艺与机床夹具设计（毕业设计）时的指导用书，也可用作相关设计指导教师参考书。

本书由胡岗担任主编，雷长贵担任副主编，蔡燕华参加编写，由严勇、费蓉担任主审。衷心感谢对本书给予支持的各位领导、同仁。限于编者水平，书中疏漏、不当之处在所难免，恳请读者批评指正。我们也将会在今后的使用过程中查漏补缺、不断改进！

编　者

目　录

第一部分　毕业设计指导规范

第一部分为主要是对毕业设计的目的、设计的要求、设计的内容、工作要求、进度安排及成绩评定做介绍，其中特别对毕业设计说明书的编写规范做了较为详尽的说明。

一、毕业设计的目的和要求

（一）毕业设计的目的

毕业设计是职业院校、技工类院校学生学完所有专业理论课程和生产实习课程后，在毕业前的最后一个教学环节。其目的在于：

1）培养学生全面综合地运用所学专业理论课程（机械制造工艺学、工程材料与热处理、互换性与测量技术、金属切削原理与刀具、金属切削机床、机械设计等）的理论知识，结合生产实习课程中学到的实践知识，独立地分析和解决机械加工工艺问题，初步具备设计中等复杂程度零件机械加工工艺规程的能力。

2）培养学生能根据被加工零件的技术要求，运用机床夹具设计的基本原理和方法，学会拟订专用夹具设计方案，完成夹具结构设计，初步具备设计保证加工质量的高效、省力、经济合理的专用夹具的能力。

3）培养学生熟练查阅并运用相关专业手册、标准、图表等技术资料的能力。

4）培养学生机械制图、设计计算、结构设计和编写技术文件等的能力。

5）培养学生耐心细致、科学分析、周密思考、吃苦耐劳的良好工作习惯，为学生今后去企业的发展奠定良好的基础。

（二）毕业设计的要求

毕业设计要求编制一个中等复杂程度零件的机械加工工艺规程，按教师指定设计其中一道工序的专用夹具，并编写设计说明书。学生应在教师的指导下认真地、有计划地、独立按时完成设计任务。必须以高度负责的态度对待自己所做的技术方案、数据和计算结果，并注意理论与实践的结合，以期使整个设计具备技术上的先进性、经济上的合理性和生产上的可行性。毕业设计任务和要求如下。

1）设计题目：××（零件）的机械加工工艺规程的编制及××（工序）的专用夹具设计。

2）生产纲领：500~10000件。

3）生产类型：批量生产。

4）设计任务

① 绘制××（零件）的零件图　　1张

② 编写××（零件）的机械加工工艺过程卡片　　1份

③ 编写××（零件）的工序卡片（主要工序）	部分（不少于3张）
④ 设计加工××（工序）的专用夹具	1套
⑤ 绘制专用夹具装配图	1张（A1或A2）
⑥ 绘制专用夹具零件图（主要零件）	部分（A3或A4）
⑦ 编写毕业设计说明书	1份

5）设计要求

① 按批量编写××零件工艺文件、设计夹具。工艺文件的编写应完整正确。

② 夹具设计应结构简单、定位准确、夹紧可靠、使用方便。

③ 认真编写毕业设计说明书，字迹工整，能正确表达设计意图。

④ 所有图样清晰完整，并符合国家标准。

二、毕业设计的内容和工作要求

（一）毕业设计的内容

毕业设计主要有以下内容：

1）绘制零件的零件图，了解零件的结构特点、技术要求和用途。

2）分析研究零件图，对零件进行工艺审查。

3）拟订零件的机械加工工艺规程，选择各工序的加工设备和工艺装备（刀具、量具、夹具），确定各工序的加工余量和工序尺寸，并计算各工序的切削用量。

4）填写工艺文件有机械加工工艺过程卡片和机械加工工序卡片（可根据工作量的大小，由指导教师确定只填写部分主要加工工序的工序卡片）。

5）设计指定工序的专用夹具，绘制装配总图和主要零件图。

6）编写毕业设计说明书。

（二）毕业设计的工作要求

1. 对指导教师的要求

每位指导教师应认真负责地指导学生的毕业设计。

1）原则上指导教师为每位学生提供一张零件图作为一个课题，同班学生的零件图不允许重复，以防有人相互抄袭。

2）指导教师应尽可能留出足够时间加强对学生的辅导。

3）指导教师必须按本毕业设计指导规范的要求，将课题内容、规范的课题图样和设计任务书，及时布置给学生，使学生明确设计任务。

4）指导教师应随时检查、督促、指导学生的毕业设计全过程，保证学生毕业设计有好的设计质量。

5）答辩前应对学生设计图样、工艺文件及设计说明书仔细审核并签名，认真客观填写指导教师评语及毕业设计成绩评定表。

2. 对学生的要求

根据毕业设计要求及内容，学生必须完成以下工作：

（1）编写工艺文件

1）编写零件加工工艺过程卡片。必须按标准要求填写，特别是工序内容栏，需详细填写各工序的定位和夹紧情况，加工方法和对象，各工序尺寸及公差，设备、工艺装备栏尽量填写完整，工时栏不做要求。

2）编写零件加工工序卡片。视工作量大小只填写主要工序，表中切削参数应作为设计计算的重点，工步工时不做要求，但工序卡不得少于3张。

（2）设计专用夹具

1）完成装配图绘制，要求图样画法、比例、尺寸、尺寸公差、几何公差、技术要求、标题栏、明细栏等必须符合国家标准要求。

2）完成夹具所用非标准零件的零件图绘制，视工作量大小只绘制主要零件的零件图，但非标准零件的零件图不得少于3张。

（3）编写毕业设计说明书　毕业设计说明书要求字迹工整、语言简练、文字通顺、图样清晰，并装订成册。说明书内容有：

1）封面。

2）设计任务书。

3）目录。

4）毕业设计说明书正文，包括

① 序言，

② 零件的分析，

③ 工艺规程设计及计算，

④ 专用夹具设计及计算。

5）参考文献。

6）心得体会。

7）附录，包括

① 机械加工工艺过程卡片，

② 机械加工工序卡片，

③ 专用夹具装配图，

④ 专用夹具部分重要零件的零件图（非标准件）。

（4）毕业设计期间的特殊规定

1）毕业设计期间学生应遵守学校的各项规章制度，严格遵守学校规定的作息时间，并保持设计场所的安静和整洁（具体要求见学生手册的有关规定）。

2）毕业设计期间学生应及时跟上教师的设计进度安排，抓紧时间完成设计任务，原则上不允许学生在设计期间下厂实习。

3）在毕业设计期间应严格遵守请假制度，有特殊情况需请假的应提出书面申请并报指导老师、班主任及系办公室批准方可准假。有旷课者取消毕业设计答辩资格，并判毕业设计综合成绩不合格。

三、毕业设计的进度安排和成绩评定

（一）毕业设计的进度安排

按照教学计划，毕业设计时间为 4 周，由于各课题内容和要求不同，分配时间各不相同，指导教师应根据课题实际情况进行合理分配。以下分配方案可供参考。

1）熟悉零件，收集资料，对零件进行工艺分析并确定方案 3 天。

2）工艺规程设计（拟订工艺路线，填写工艺过程卡、工序卡）4 天。

3）专用夹具设计（总图、零件图绘制）9 天。

4）编写毕业设计说明书 3 天。

5）答辩准备 1 天。

（二）毕业设计的成绩评定

学生在完成上述全部设计任务后，工艺文件、图样和说明书经指导教师审查签字后，在规定日期进行答辩。答辩教师不少于 3 人，每个学生答辩时间不少于 30 分钟。

根据设计工艺文件、图样、说明书质量，答辩时回答问题情况，以及平时工作态度、独立工作能力等方面表现来综合评定学生的成绩。成绩分优、优 -、良 +、良、良 -、中、及格、不及格共 8 级。不合格者将另行安排时间进行修改并重新答辩，重新答辩原则上只安排 1 次。

四、毕业设计说明书编写规范

为规范学生毕业设计说明书的编写，使学生掌握规范的毕业设计说明书的编写要求和格式，特制定“毕业设计说明书编写规范”。学生在进行毕业设计说明书编写时可以遵照此编写规范的要求来编写毕业设计说明书，指导教师也可以按此编写规范指导学生进行毕业设计说明书的写作。

毕业设计说明书文档资料包括封面、设计任务书、目录、设计说明书正文、参考文献、心得体会、附录、毕业设计指导教师评语、毕业设计答辩小组评语、毕业设计答辩记录表和毕业设计成绩评定表。对各部分的要求分述如下。

（一）毕业设计说明书印装

毕业设计说明书采用 A4 幅面纵向打印。正文用宋体小 4 号字；版面页边距为上 2cm，下 2cm，左 3cm，右 2cm；行距为 1.5 倍行距；首行缩进；字间距为正常；页码用小 5 号字底端居中；靠左边装订。

（二）毕业设计说明书结构及要求

毕业设计说明书由以下部分组成：①封面。②设计任务书。③目录。④设计说明书正文。⑤参考文献。⑥心得体会。⑦附录。

1. 封面及设计任务书要求

1）任务书的格式见编写模板。任务书由指导教师填写，经专业教研室（系或教研室）组长审核签字后生效。任务书装订于设计说明书封面之后，目录页之前。

2）课题题目要简练、准确，通过标题把毕业设计的内容、专业特点概括出来，一般应不超过25个字，如有细节必须放进标题中，可以设副标题把细节部分放在副标题中。

2. 目录

目录应层次分明，章、节、页号清晰，且要与正文标题一致。

3. 设计说明书正文

设计说明书正文部分包括序言、零件的分析、工艺规程设计及计算、专用夹具设计及计算。具体要求如下：

1）序言是简述自己对毕业设计的认识及其意义。

2）零件的分析主要是对课题零件的材料、用途、加工内容及加工要求的分析。

3）工艺规程设计及计算主要是从课题零件毛坯制造形式的确定，粗、精基准的选择等方面来最终拟订课题零件的机械加工工艺路线，也包含机械加工余量、工序尺寸及切削用量的计算。

4）专用夹具设计及计算主要是从实际问题的提出（某道工序批量加工的需要）来对课题零件进行夹具设计，着重突出定位基准的选择和夹紧方案的确定。对切削力、夹紧力及平衡块（车床夹具）的计算、定位误差的分析与计算是这部分计算的重点；同时应对夹具设计及操作做简要的说明。

设计说明书正文是毕业设计的主要组成部分，要求层次清楚，文字简练、通顺，重点突出。

设计说明书格式是保证文章结构清晰、纲目分明的编辑手段，编写设计说明书可任选任何一种格式，但所采用的格式必须符合一般论文的规定，并前后统一，不得混杂使用。设计说明书格式除题序层次外，还应包括分段、行距、字体和字号等。

设计说明书编写的题序层次要求按如下的格式进行：

第一层次（章）题序和标题用3号黑体字，加粗，居中。第一层次（章）题序和标题与下文正文空一行。正文段落首行缩进。行与行之间，段落和层次标题以及各段落之间均为1.5倍行距。

第二层次（节）题序和标题用小3号黑体字。左对齐，前空两格。

第三层次（条）题序和标题用4号黑体字。左对齐，前空两格。

第四层次及以下各层次题序及标题一律用小4号黑体字。左对齐，前空两格。

正文的内容部分：文字用小4号字；中文宋体，英文和数字用Times New Roman字体；1.5倍行距。

4. 参考文献

为了反映设计说明书的科学依据和作者尊重他人研究成果的严肃态度，同时向读者提供有关信息的出处，正文之后一般应刊出主要参考文献。

列出的参考文献只限于作者亲自阅读过的、最重要的且发表在公开出版物上的文献或网上下载的资料。设计说明书（论文）中被引用的参考文献序号用方括号括起来，置于所引用部分的右上角。参考文献所列的著作按设计说明书（论文）中引用先后顺序排列，格式应符合 GB/T 7714—2005 的要求。

（1）专著的著录格式

［序号］作者．文献题名［M］．版次．出版地：出版者，出版年：引用页码．

示例：

［1］ 李兴昌．科技论文的规范表达［M］．北京：清华大学出版社，1995：34－50.

（2）期刊文献的著录格式

［序号］作者．文献题名［J］．刊名，年，卷（期）：引用页码．

示例：

［1］冯绍彬，董会超，夏同驰．Fe－Ni－Cr 不锈钢镀层的电镀工艺研究［J］．郑州轻工业学院学报（自然科学版），2002，17（2）：1－4.

（3）专利的著录格式

［序号］专利所有者．专利题名：专利国别，专利号［P］．公开日期－月－日．

示例：

［1］Harry M，Van Tassell，Arlington Heights. Process for Producing Para－Diethyl－Benzene：US，3 849 508［P］．1974－11－19.

注：以上参考文献的作者姓名只写到第三位，余者写“等”；版次属第一版者省略。

5. 心得体会

心得体会是学生认为在毕业设计过程中自己的收获与失误，并对特别需要感谢的组织或者个人表示谢意的内容。文字要简捷，实事求是。

6. 附录

附录主要包括机械加工工艺过程卡片、机械加工工序卡片、专用夹具装配图（A1 或 A2 幅面）、专用夹具部分重要零件零件图（非标准件，A3 或 A4 幅面）。

若图幅小于或等于 A3 幅面时，应和设计说明书装订在一起；若大于 A3 幅面时，所有图样应按国标规定单独装订成册作为附图。

（三）其他要求

1. 文字

毕业设计说明书中汉字应采用《简化汉字总表》规定的简化字，并严格执行汉字的规范。

2. 表格

毕业设计说明书的表格可以统一编序（如表 15），也可以逐章单独编序（如表 2.5），采用哪种方式应和插图及公式的编序方式统一。表序必须连续，不得重复或跳跃。

表格的结构应简洁。

表格中各栏都应标注量和相应的单位。表格内数字需上下对齐，相邻栏内的数值相同时，不能用“同上”“同左”和其他类似用词，应一一重新标注。

表序和表题置于表格上方中间位置，字号采用 5 号字，无表题的表序置于表格的左上方或右上方（同一篇设计说明书（论文）位置应一致）。

3. 图

插图要精选。图序可以连续编序（如图 52），也可按章单独编序（如图 6.8），采用的方式应与表格、公式的编序方式统一，图序必须连续，不得重复或跳跃。仅有一个图时，在图题前加“附图”字样。毕业设计（论文）中的插图以及图中文字符号应打印，无法打印时一律用钢笔绘制和标出。

由若干个分图组成的插图，分图用 a，b，c，…标出。

图序和图题置于图下方中间位置，字号采用 5 号字（同一篇设计说明书（论文）位置应一致）。

4. 公式

毕业设计说明书中重要的或者后文中需重新提及的公式应注序号并加圆括号，序号一律用阿拉伯数字连续编序（如（45））或逐章编序（如（6.10）），序号排在版面右侧，且距右边距离相等。公式与序号之间不加虚线。

5. 数字用法

公历世纪、年代、年、月、日、时间和各种计数、计量，均用阿拉伯数字。年份不能简写，如 1999 年不能写成 99 年。数值的有效数字应全部写出。如 0.50:2.00 不能写作 0.5:2。

6. 软件

目前主要应用两种计算机辅助软件，即 CAXA 电子图版和 CAXA 工艺图表。其他计算机辅助软件也可酌情使用。

7. 装配图及零件图

装配图及零件图的绘制应遵循国家标准的最新规定，并全部用计算机绘图。

专用夹具装配图采用 A1 或 A2 幅面。A1，横放，Mechanical H A1 或 Mechanical H A2 图框，GB Standard 标题栏；A2，横放，Mechanical H A2 图框，GB Standard 标题栏。

专用夹具部分重要零件的零件图（非标准件）采用 A4 或 A3 幅面。A4，竖放，Mechanical V A4 图框，GB Standard 标题栏；A3，横放，Mechanical H A3 图框，GB Standard 标题栏。

无论图幅大小及比例，所用的标题栏格式、尺寸大小和填写内容均应符合国家标准。

标题栏尺寸均为 180mm×56mm，不可随意缩放。

8. 计量单位的定义和使用方法

计量单位的定义和使用方法按国家标准 GB 3100～3102—1993 规定执行。

（四）毕业设计说明书装订顺序

1）封面。

2）设计任务书。

3）目录。

4）设计说明书正文。

5）参考文献。

6）心得体会。

7）附录（机械加工工艺过程卡片、机械加工工序卡片、专用夹具装配图、专用夹具部分重要零件零件图等有关内容，视情况可作为附图单独成册）

8）封底。

（五）装袋要求

每个学生的毕业设计说明书的有关文档需单独装入专用的资料袋内（学校统一印制）；资料袋按学号排列集中保管。

资料袋袋内应包含以下内容：

1）毕业设计说明书。

2）附图。

3）毕业设计指导教师评语、毕业设计答辩小组评语。

4）毕业设计答辩记录表。

5）毕业设计成绩评定表。

第二部分　毕业设计示例

本部分通过几个典型的中等复杂程度零件的工艺规程设计和专用夹具设计示例，以期给学生提供一个符合毕业设计要求的规范格式或范例。

本部分包括3个示例：

（1）机油泵体的机械加工工艺编制及车床专用夹具设计。

（2）拨叉的机械加工工艺编制及铣床专用夹具设计。

（3）弯臂的机械加工工艺编制及钻床专用夹具设计。

上述每一个示例中包括：毕业设计说明书封面，毕业设计任务书，毕业设计题目（图样），说明书正文目录，说明书正文，以及教师评语、答辩记录表、成绩评定表。这些就是设计说明书的全部内容。学生按以上顺序将各部分装订成册，即成完整的毕业设计说明书。

示例1　机油泵体的机械加工工艺编制及车床专用夹具设计

××××学院

毕业设计说明书

课　　题　机油泵体的机械加工工艺编制及车床专用夹具设计
学生姓名　________________
专业班级　________________
学　　号　________________
系　　部　________________
指导教师　________________
设计日期　________________

毕业设计任务书

一、班级：　　　　姓名：

课题：机油泵体的机械加工工艺编制及车床专用夹具设计

二、设计任务

1. 绘制机油泵体零件图（示例1-图1）	1张。
2. 编写机油泵体的机械加工工艺过程卡片	1份。
3. 编写机油泵体的工序卡片（主要工序）	部分（不少于3张）。
4. 设计加工机油泵体 $\phi22^{+0.05}_{0}$mm 和 $\phi67^{+0.046}_{0}$mm 孔的车床专用夹具	1套。
5. 绘制专用夹具装配图	1张（A1或A2）。
6. 绘制专用夹具零件图（主要零件）	部分（A3或A4）。
7. 编写毕业设计说明书	1份。

三、设计要求

1. 按批量5000件/年编写工艺文件、设计夹具。工艺文件的编写应完整正确。
2. 夹具设计应结构简单、定位准确、夹紧可靠、使用方便。
3. 认真编写毕业设计说明书，字迹工整，能正确表达设计意图。
4. 所有图样清晰完整，并符合国家标准。

四、毕业设计期限：自　　年　　月　　日至　　年　　月　　日

五、指导教师：　　　　　　　　　　组长审核：

备注	1. 一律用钢笔书写。 2. 若填写内容较多，可增加同样大小的附页。

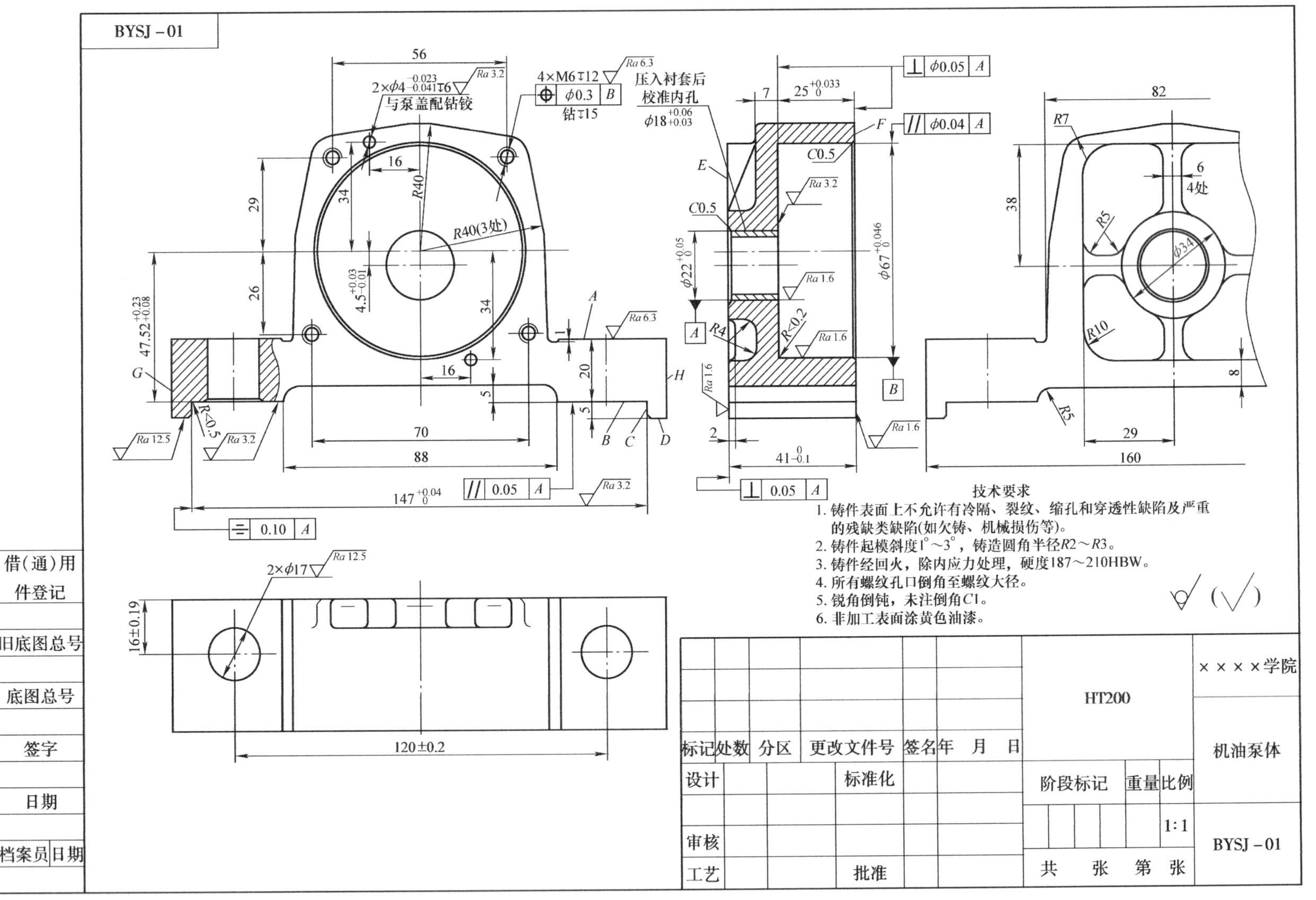

示例1-图1　机油泵体零件图

示例1目录

序　言

毕业设计是提高学生专业知识和综合运用能力的重要教学环节。能否通过毕业设计和毕业答辩是学院对毕业生毕业资格的审核条件，同时也为我们以后的工作打下理论基础。通过这次毕业设计，使我对大学三年所学的知识有了一次全面的综合运用，例如，机械设计基础、机械制造技术、机床夹具设计、公差配合、金属材料等，对我的专业知识的掌握和提高有很大的帮助。

一、零件的分析

（一）零件的作用

题目所给定的零件是机油泵的重要组成零件——机油泵体（示例1-图1）。机油泵是不断地把发动机油底壳里的机油送出去以达到润滑发动机各个需要润滑的零件的目的。机油泵体在整个机油泵中起着重要的作用，泵体的尺寸精度，表面粗糙度直接影响机油泵的工作稳定性和泵的使用寿命。

（二）零件的工艺分析

1）加工零件的 A 面。

2）加工零件的 B 面、C 面。这组加工包括 $147^{+0.04}_{0}$mm，B 面至 A 面的高度为20mm。

3）加工零件的 D 面。D 面至 B 面的高度5mm。

4）加工 E 面。

5）加工以 ϕ67mm 孔为中心的面。这组加工包括 F 面长度尺寸 $41^{0}_{-0.10}$mm，$\phi 67^{+0.046}_{0}$mm 的孔深 $25^{+0.033}_{0}$mm 及倒角，$\phi 22^{+0.05}_{0}$mm 的孔及倒角。

这两组加工表面之间有着一定的位置和方向要求，主要是：

① $\phi 67^{+0.046}_{0}$mm 的孔与 $\phi 22^{+0.05}_{0}$mm 的孔中心线平行度公差 ϕ0.04mm。

② F 面，E 面与 $\phi 22^{+0.05}_{0}$mm 的孔中心线垂直度公差0.05mm。

③ B 面与 $\phi 22^{+0.05}_{0}$mm 的孔中心线平行度公差0.05mm。

④ C 面与 $\phi 22^{+0.05}_{0}$mm 的孔中心线对称度0.1mm。

6）加工2个 ϕ17mm 的孔。

保证两孔的中心距（120 ±0.2）mm。

7）加工 F 面的4个 M6 螺纹孔。

二、工艺规程设计

（一）确定毛坯的制造形式

机油泵体零件最常用的是毛坯铸铁。机油泵体零件应根据不同工作条件和使用要求选用不同的材料和不同的热处理，以获得一定的强度、韧性和耐磨性。由题目已知，此机油泵体采用 HT200，铸件经回火、除应力处理，硬度 187 ~ 210HBW。根据其生产纲领可知生产类型为中批量生产，故毛坯的铸造方法选用金属型铸造。

（二）选择基准

定位基准是加工中用来使工件在机床或夹具上定位所依据的工件上的点、线、面。基准的选择是工艺规程设计中的重要部分，基准选择的合理与否直接影响零件的加工质量，基准选择错误甚至还有可能造成零件的报废，使生产无法正常进行。按工件用作定位的表面状况把定位基准分为粗基准、精基准，以及辅助基准。在起始工序中，只能选用未经加上过的毛坯表面作为定位基准，这种基准称为粗基准。用加工过的表面所作的定位基准称为精基准。

1. 粗基准的选择

粗基准的选择对工件主要有两个方面的影响，一是影响工件上加工表面与不加工表面的相互位置，二是影响加工余量的分配。

粗基准的选择原则：

1）对于同时具有加工表面和不加工表面的零件，当必须保证不加工表面与加工表面的相互位置时，应选择不加工表面为粗基准。如果零件上有多个不加工表面，应选择其中与加工表面相互位置要求高的表面为粗基准。

2）如果必须首先保证工件某重要表面的加工余量均匀，应选择该表面作粗基准。

3）如需保证各加工表面都有足够的加工余量，应选加工余量较小的表面作粗基准。

4）作粗基准的表面应平整，没有浇口、冒口、飞边等缺陷，以便定位可靠。

5）粗基准在同一尺寸方向只允许使用 1 次。

根据以上原则，又因为机油泵体的主要加工表面是内孔，而 *R*40mm 外圆是不加工表面，所以选择 *R*40mm 的外圆为粗基准，这样可以保证各加工表面均有加工余量，又使重要孔的加工余量尽量均匀，同时又可以保证经加工后工件壁厚均匀。

2. 精基准的选择

选择精基准主要从保证工件的位置精度和装夹方便这两方面来考虑。

精基准的选择原则：

（1）基准重合原则　以设计基准为定位基准，避免基准不重合误差。调整法加工零件时，如果基准不重合将出现基准不重合误差。

（2）基准统一原则　选用统一的定位基准来加工工件上的各个加工表面，以避免基准的转换带来的误差，利于保证各表面的位置精度，同时能简化工艺规程、夹具设计和缩短制造准备周期。

基准统一原则通常运用在轴类零件、盘类零件和箱体类零件。轴的精基准为轴两端的中心孔；齿轮是典型的盘类零件，常以中心孔及一个端面为精基准；箱体类零件常以一个平面及平面上的两个定位用工艺孔为精基准。

（3） 自为基准原则　当某些精加工表面要求加工余量小而均匀时，可选择该加工表面本身作为定位基准，以提高加工面本身的精度和表面质量。

（4） 互为基准原则　互为基准能够提高重要表面间的相互位置精度，或使加工余量小而均匀。

选择精基准还应考虑能保证工件定位准确，装夹方便，夹具结构简单适用。

根据以上原则，选择机油泵体的底面作为精基准，因为它是机油泵体的设计基准，这样能够使加工遵循基准重合的原则，也符合基准统一原则。

（三） 制定工艺路线

制定工艺路线的出发点，应当是使零件的几何形状、尺寸精度及位置精度等技术要求能得到合理的保证。在生产纲领已确定为中批量生产的条件下，可以采用通用机床配以专用工夹具，并尽量使工序集中来提高生产率。除此之外，还应考虑经济效益，以便降低生产成本。

1. 工序1：钳工划线

2. 工序2：粗、精铣 *A* 面

以 *D* 面定位，在 *H*、*G* 两面夹紧，粗、精铣 *A* 面，保证底面留有足够加工余量。

3. 工序3：粗铣 *D* 面和粗、精铣 *B*、*C* 面

1） 以 *A* 面和 *R*40mm 顶端圆弧面定位，在 *H*、*G* 两面夹紧，粗铣 *D* 面至图样要求。

2） 粗、精铣 *B* 面、*C* 面至图样要求，倒角 1mm×45°。

4. 工序4：粗、精铣 *E* 面

以 *B* 面和 *F* 面定位，在 *R*40mm 顶端圆弧面处夹紧，粗、精铣 *E* 面至图样要求，并保证 *F* 面留有足够加工余量。

5. 工序5：粗、精车 *F* 面和粗、精车 $\phi 67^{+0.046}_{0}$mm 和 $\phi 22^{+0.05}_{0}$mm 孔

1） 以 *B* 面、*C* 面和 *E* 面定位，在 *R*40mm 顶端圆弧面处夹紧，粗、精车 *F* 面至图样要求。

2） 粗、精车 $\phi 67^{+0.046}_{0}$mm 和 $\phi 22^{+0.05}_{0}$mm 的孔至图样要求，倒角 0.5mm×45°。

6. 工序6：钻 2×ϕ17mm 的孔

以 *E* 面、*R*40mm 顶端圆弧面和 *A* 面定位，在 *F* 面夹紧，钻 2×ϕ17mm 的孔至图样要求，倒角 1mm×45°。

7. 工序7：攻 4×M6 螺纹

1） 以 *F* 面、$\phi 67^{+0.046}_{0}$mm 的孔和 *A* 面定位，用 $\phi 67^{+0.046}_{0}$mm 的孔内表面夹紧，钻 4×M6 螺纹底孔 ϕ5mm 深 15mm。

2） 攻 4×M6 螺纹至图样要求。

8. 工序8：检验

1） 去毛刺，清洗。

2） 检验。

3） 上油，入库。

（四）确定机械加工余量

机油泵体零件材料 HT200，经回火，除应力处理，硬度 187～210HBW，毛坯重量约为 3kg，生产类型为中批生产，可用金属型铸造。

根据上述原始资料及加工工艺，确定各加工表面的机械加工余量。

1. 工序 4：粗、精铣 E 面

参照《机械加工工艺设计员手册》[1]，平面最大尺寸 120～260mm 的灰铸铁粗加工单边余量 Z 为 2.0～3.0mm。由此确定粗铣 $Z=2\text{mm}$，精铣 $Z=1\text{mm}$。

2. 工序 5：粗、精车 F 面和粗、精车 $\phi 67^{+0.046}_{0}$mm 和 $\phi 22^{+0.05}_{0}$mm 孔

（1）车 F 面　参照《机械加工工艺设计员手册》[1]表 5-16，零件直径 50～120mm，零件全长 120～260mm。由此确定粗车 F 面单边余量 $Z=2\text{mm}$。

参照《机械加工工艺设计员手册》[1]表 5-17，零件直径 50～120mm，零件全长 120～260mm。由此确定精车 F 面单边余量 $Z=1\text{mm}$。

（2）车 $\phi 67^{+0.046}_{0}$mm 孔　毛坯孔为 ϕ63mm，参照《机械加工工艺设计员手册》[1]表 5-22，确定机械加工余量为：粗车双边余量 $2Z=3\text{mm}$，精车双边余量 $2Z=1\text{mm}$。

（3）车 $\phi 22^{+0.05}_{0}$mm 孔　毛坯孔为 ϕ19mm 的通孔精度 IT8，参照《机械加工工艺设计员手册》[1]表 5-22，确定机械加工余量为：粗车双边余量 $2Z=2\text{mm}$。精车双边余量 $2Z=1\text{mm}$。

3. 工序 6：钻 $2\times\phi$17mm 的孔

毛坯孔为实心孔。孔精度 IT12～IT14，确定工序尺寸及余量为：钻孔 ϕ17mm，单边余量 $Z=8.5\text{mm}$。

（五）确定切削用量

1. 工序 4：粗、精铣 E 面

（1）加工条件

工件材料：HT200 回火，铸造。

加工要求：粗精铣 E 面，表面粗糙度 $Ra3.2\mu\text{m}$。

刀具：ϕ80mm 面铣刀。

机床：X6132A 卧式铣床。

（2）计算切削用量

1）粗铣 E 面。

确定背吃刀量 a_p：$a_p=2\text{mm}$。

确定切削速度 v_c：根据《金属切削手册》[2]表 9-14，灰铸铁硬度 150～225HBW，$v_c=60\sim110\text{m/min}$，选 $v_c=60\text{m/min}$。

计算主轴转速 n：$n=\dfrac{v_c\times1000}{\pi d}=\dfrac{60\times1000}{3.14\times80}=239\text{r/min}$，根据 X6132A 主轴转速表，选 $n=235\text{r/min}$。

确定进给量 f：根据《金属切削手册》[2]表 9-10，铸铁，机床功率 5～10kW，选用 0.14～0.24mm/z，取 0.24mm/z，则

$$
\begin{aligned}
f&=0.24\text{mm/z}\times8\text{z/r}\times235\text{r/min}\\
&=451\text{mm/min}
\end{aligned}
$$

根据 X6132A 进给表，选 $f=475\text{mm/min}$。

2）精铣 E 面。

确定背吃刀量 a_p：$a_p=1\text{mm}$。

确定切削速度 v_c，根据《金属切削手册》[2] 表 9-14，灰铸铁硬度 150～225HBW，$v_c=60\sim110\text{m/min}$，选 $v_c=110\text{m/min}$。

计算主轴转速 n：$n=\dfrac{v_c\times1000}{\pi d}=\dfrac{110\times1000}{3.14\times80}=437.9\text{r/min}$，根据 X6132A 主轴转速表，选 $n=475\text{r/min}$。

确定进给量 f：根据《金属切削手册》[2] 表 9-10，铸铁，机床功率 5～10kW，选用 0.14～0.24mm/z，取 0.14mm/z，则

$$
\begin{aligned}
f&=0.14\text{mm/z}\times8\text{z/r}\times475\text{r/min}\\
&=532\text{mm/min}
\end{aligned}
$$

根据 X6132A 进给表，选 $f=475\text{mm/min}$。

2. 工序 5：粗、精车 F 面和粗、精车 $\phi67^{+0.046}_{0}\text{mm}$ 和 $\phi22^{+0.05}_{0}\text{mm}$ 孔

（1）加工条件

工件材料：HT200 回火，铸造。

加工要求：

1）粗、精车 F 面，表面粗糙度 $Ra3.2\mu\text{m}$，F 面与 $\phi22^{+0.05}_{0}\text{mm}$ 的孔中心线垂直度公差 0.05mm。

2）粗、精车 $\phi67^{+0.046}_{0}\text{mm}$ 孔，$\phi67^{+0.046}_{0}\text{mm}$ 的孔与 $\phi22^{+0.05}_{0}\text{mm}$ 的孔中心线平行度公差 $\phi0.04\text{mm}$，表面粗糙度 $Ra1.6\mu\text{m}$。

3）粗精车 $\phi22^{+0.05}_{0}\text{mm}$ 孔，表面粗糙度 $Ra1.6\mu\text{m}$。

刀具：YG8 粗加工、YG3 精加工。

机床：CA6140 卧式车床。

（2）计算切削用量

1）粗车 F 面。

确定进给量 f：铸铁，车刀刀杆尺寸 25mm×25mm，工件回转直径大约为 $\phi192\text{mm}$（回转中心在 $\phi67\text{mm}$ 孔的中心处），根据《金属切削手册》[2] 表 4-86，选用 0.9～1.3mm/r，根据 CA6140 进给表，选 $f=1.28\text{mm/r}$。

确定背吃刀量 a_p：$a_p=2\text{mm}$。

确定切削速度 v_c：根据《金属切削手册》[2] 表 4-89，灰铸铁硬度 150～225HBW，$v_c=80\sim110\text{m/min}$，选 $v_c=80\text{m/min}$。

计算主轴转速 n：$n=\dfrac{v_c\times1000}{\pi d}=\dfrac{80\times1000}{3.14\times192}\text{r/min}=133\text{r/min}$，根据 CA6140 主轴转速表，选 $n=125\text{r/min}$。

2）精车 F 面

确定进给量 f：铸铁，车刀刀杆尺寸 25mm×25mm，工件直径 $\phi192\text{mm}$，根据《金属切削手册》[2] 表 4-86，选用 0.9～1.3mm/r，根据 CA6140 进给表，选 $f=0.94\text{mm/r}$。

确定背吃刀量 a_p：$a_p=1\text{mm}$。

确定切削速度 v_c：根据《金属切削手册》[2] 表 4-89，灰铸铁硬度 150 ~ 225HBW，v_c = 80 ~ 110m/min，选 v_c = 110m/min。

计算主轴转速 n：$n=\frac{v_c \times 1000}{\pi d}=\frac{110 \times 1000}{3.14 \times 192}\text{r/min}=182\text{r/min}$，根据 CA6140 主轴转速表，选 n = 200r/min。

3）粗车 $\phi 67^{+0.046}_{0}$mm 的孔

确定进给量 f：铸铁，车刀刀杆尺寸 ϕ25mm，工件直径 ϕ67mm，根据《金属切削手册》[2] 表 4-86，选用 0.6 ~ 0.9mm/r，根据 CA6140 进给表，选 f = 0.91mm/r。

确定背吃刀量 a_p：a_p = 1.5mm。

确定切削速度 v_c：根据《金属切削手册》[2] 表 4-89，灰铸铁硬度 150 ~ 225HBW，v_c = 40 ~ 60m/min，选 v_c = 40m/min。

计算主轴转速 n：$n=\frac{v_c \times 1000}{\pi d}=\frac{40 \times 1000}{3.14 \times 67}\text{r/min}=190\text{r/min}$，根据 CA6140 主轴转速表，选 n = 200r/min。

4）精车 $\phi 67^{+0.046}_{0}$mm 的孔

确定进给量 f：铸铁，车刀刀杆尺寸 ϕ25mm，工件直径 ϕ67mm，根据《金属切削手册》[2] 表 4-86，选用 0.6 ~ 0.9mm/r，根据 CA6140 进给表，选 f = 0.61mm/r。

确定背吃刀量 a_p：a_p = 0.5mm。

确定切削速度 v_c：根据《金属切削手册》[2] 表 4-89，灰铸铁硬度 150 ~ 225HBW，v_c = 40 ~ 60m/min，选 v_c = 60m/min。

计算主轴转速 n：$n=\frac{v_c \times 1000}{\pi d}=\frac{60 \times 1000}{3.14 \times 67}\text{r/min}=285\text{r/min}$，根据 CA6140 主轴转速表，选 n = 320r/min。

5）粗车 $\phi 22^{+0.05}_{0}$mm 的孔

确定进给量 f：铸铁，车刀刀杆尺寸 ϕ16mm，工件直径 ϕ22mm，根据《金属切削手册》[2] 表 4-86，选用 0.4 ~ 0.5mm/r，根据 CA6140 进给表，选 f = 0.51mm/r。

确定背吃刀量 a_p：a_p = 1mm。

确定切削速度 v_c：根据《金属切削手册》[2] 表 4-89，灰铸铁硬度 150 ~ 225HBW，v_c = 50 ~ 70m/min，选 v_c = 50m/min。

计算主轴转速 n：$n=\frac{v_c \times 1000}{\pi d}=\frac{50 \times 1000}{3.14 \times 22}\text{r/min}=753\text{r/min}$，根据 CA6140 主轴转速表，选 n = 710r/min。

6）精车 $\phi 22^{+0.05}_{0}$mm 的孔

确定进给量 f：铸铁，车刀刀杆尺寸 ϕ16mm，工件直径 ϕ22mm，根据《金属切削手册》[2] 表 4-86，选用 0.4 ~ 0.5mm/r，根据 CA6140 进给表，选 f = 0.41mm/r。

确定背吃刀量 a_p：a_p = 0.5mm。

确定切削速度 v_c：根据《金属切削手册》[2] 表 4-89，灰铸铁硬度 150 ~ 225HBW，v_c = 50 ~ 70m/min，选 v_c = 70m/min。

计算主轴转速 n：$n=\frac{v_c\times1000}{\pi d}=\frac{70\times1000}{3.14\times22}$r/min = 1013r/min，根据 CA6140 主轴转速表，选 n = 900r/min。

3. 工序 6：钻 2×ϕ17mm 的孔

（1）加工条件

工件材料：HT200 回火，铸造。

加工要求：保证两孔的中心距（120 ±0.2）mm。

刀具：ϕ17mm 高速钢钻头。

机床：ZA5140A 立式钻床。

（2）计算切削用量

确定进给量 f：铸铁，深径比 $L/D\leqslant3$，直径 ϕ17mm，根据《金属切削手册》[2] 表 7-15，选用 0.4 ~ 0.5mm/r，根据 ZA5140A 进给表，选 f = 0.48mm/r。

确定背吃刀量 a_p：a_p = 8.5mm。

确定切削速度 v_c：根据《金属切削手册》[2] 表 7-15，灰铸铁硬度 150 ~ 225HBW，v_c = 15 ~ 20m/min，选 v_c = 20m/min。

计算主轴转速 n：$n=\frac{v_c\times1000}{\pi d}=\frac{20\times1000}{3.14\times17}$r/min = 375r/min，根据 ZA5140A 主轴转速表，选 n = 392r/min。

最后，将以上各工序切削用量及其他加工数据，一并填入机械加工工艺过程卡片和机械加工工序卡片中。

三、专用夹具设计

为了提高劳动生产率，保证加工质量，降低劳动强度，通常需要设计专用夹具。

经过与指导老师协商，决定设计第 5 道工序——粗、精车 F 面和粗、精车 $\phi67^{+0.046}_{0}$mm 和 $\phi22^{+0.05}_{0}$mm 孔的车床专用夹具。本夹具将用于 CA6140 卧式车床。通过此专用夹具使工件在一次装夹中完成 $\phi67^{+0.046}_{0}$mm 和 $\phi22^{+0.05}_{0}$mm 两个孔的加工，既提高了劳动生产率，又保证了加工质量。

（一）问题的提出

本夹具主要用来加工 $\phi22^{+0.05}_{0}$mm 和 $\phi67^{+0.046}_{0}$mm 的孔和端面，这两个孔有较高的技术要求，因此在本道工序加工时，主要考虑如何通过专用夹具来保证加工精度，提高劳动生产率和降低劳动强度。

（二）夹具设计

1. 定位基准的选择

由零件图（示例 1-图 1）可知，$\phi67^{+0.046}_{0}$mm 孔的中心线到底面的距离 $47.52^{+0.23}_{+0.08}$mm 有公差要求，设计基准为底面。为使定位误差为零，以工件底面为主要定位面，工件的 E

面与 $\phi 22^{+0.05}_{0}$mm 的中心线有垂直度 0.05mm 要求，所以要用 E 面定位。

2. 切削力、夹紧力及平衡块的计算

（1）计算 F 面（端面）切削力

$$F_{车} = \sqrt{F_c^2 + F_p^2 + F_f^2} \quad \text{（示例 1-式 1）}$$

其中：F_c——切削力。

F_p——背向力。

F_f——进给力。

1）查《机床夹具设计手册》[3] 表 1-2-3，工件材料为灰铸铁，刀具材料为硬质合金，加工方式为纵向或横向，则切削力为

$$F_c = 902 a_p f^{0.75} K_p$$

其中：背吃刀量 $a_p = 2$mm，进给量 $f = 1.28$mm/r；

查《机床夹具设计手册》[3] 表 1-2-8，修正系数 $K_p = \left(\frac{HBW}{190}\right)^{0.6}$；

查《新编中外金属材料手册》[4] 表 4-4，HBW = 170 ~ 220，取 HBW = 200，故 $K_p = \left(\frac{HBW}{190}\right)^{0.6} = \left(\frac{200}{190}\right)^{0.6} = 1.03$。

切削力为

$$\begin{aligned} F_c &= 902 a_p f^{0.75} K_p \\ &= 902 \times 2 \times 1.28^{0.75} \times 1.03\text{N} \\ &= 2236\text{N} \end{aligned}$$

2）查《机床夹具设计手册》[3] 表 1-2-3，工件材料为灰铸铁，刀具材料为硬质合金，加工方式为纵向或横向，则背向力为

$$F_p = 530 a_p^{0.9} f^{0.75} K_p$$

其中：背吃刀量 $a_p = 2$mm，进给量 $f = 1.28$mm/r；

查《机床夹具设计手册》[3] 表 1-2-8，修正系数 $K_p = \left(\frac{HBW}{190}\right)^{0.6}$；

查《新编中外金属材料手册》[4] 表 4-4，HBW = 170 ~ 220，取 HBW = 200，故 $K_p = \left(\frac{HBW}{190}\right)^{0.6} = \left(\frac{200}{190}\right)^{0.6} = 1.03$。

背向力为

$$\begin{aligned} F_p &= 530 a_p^{0.9} f^{0.75} K_p \\ &= 530 \times 2^{0.9} \times 1.28^{0.75} \times 1.03\text{N} \\ &= 1226\text{N} \end{aligned}$$

3）查《机床夹具设计手册》[3] 表 1-2-3，工件材料为灰铸铁，刀具材料为硬质合金，加工方式为纵向或横向，则进给力为

$$F_f = 451 a_p f^{0.4} K_p$$

其中：背吃刀量 $a_p = 2$mm，进给量 $f = 1.28$mm/r；

查《机床夹具设计手册》[3] 表 1-2-8，修正系数 $K_p = \left(\frac{HBW}{190}\right)^{0.6}$；

查《新编中外金属材料手册》[4] 表 4-4，HBW = 170 ~ 220，取 HBW = 200，故 $K_p = \left(\frac{HBW}{190}\right)^{0.6} = \left(\frac{200}{190}\right)^{0.6} = 1.03$。

进给力为

$$\begin{aligned} F_f &= 451 a_p f^{0.4} K_p \\ &= 451 \times 2 \times 1.28^{0.4} \times 1.03\text{N} \\ &= 1025\text{N} \end{aligned}$$

4）把各数据代入公式示例 1-式 1，得 $F_{车} = \sqrt{F_c^2 + F_p^2 + F_f^2} = \sqrt{2236^2 + 1226^2 + 1025^2} = 2748\text{N}$。

（2）计算夹紧力　查《机床夹具设计手册》[3] 表 1-2-26，铰链压板夹紧力为

$$W_o = W_k \frac{l}{L}\frac{1}{\eta_o} \qquad \text{（示例 1-式 2）}$$

查《机床夹具设计手册》[3] 表 1-2-24，螺纹公称直径 M12：$W_o = 5690\text{N}$，$l = 96\text{mm}$，$L = 193\text{mm}$，$\eta_o = 0.85 \sim 0.95$，取 $\eta_o = 0.9$，把各数据代入公式示例 1-式 2，得

$$W_k = W_o / \left(\frac{l}{L}\frac{1}{\eta_o}\right) = 5690 / \left(\frac{96}{193} \times \frac{1}{0.9}\right) = 10295\text{N}$$

因：$F_{车} = 2748\text{N} < W_k = 10295\text{N}$，故夹紧力够。

（3）夹具的平衡计算　对角铁式、花盘式等结构不对称的车床夹具，设计时应采取平衡措施，以减小由离心力产生的振动和主轴轴承的磨损。一般需要设置平衡块，或用减重孔。低速切削的车床夹具只需进行静平衡验算，高速车削的车床夹具需考虑离心力的影响。车床夹具的平衡计算图如示例 1-图 2 所示。平衡计算的方法如下。

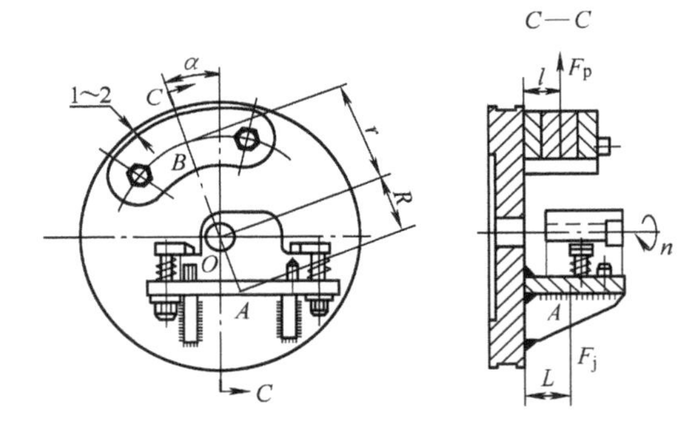

示例 1-图 2　车床夹具的平衡计算图

首先根据工件和夹具不平衡部分合成质量的重心 A 确定平衡块的重心 B，计算出工件和夹具不平衡部分的合成质量 m_j，然后根据平衡条件确定平衡块的质量 m_p。

假设合成质量 m_j 集中在重心 A 处，$OA = R$，轴向尺寸为 L，转动时它所产生的离心力 F_j 的近似计算公式为

$$F_j \approx 0.01 m_j R n^2$$

式中　m_j——工件和夹具不平衡部分的合成质量（kg）；

R——工件和夹具不平衡部分的合成质量中心至回转中心的距离（m）；

n——主轴转速（r/min）。

由离心力引起的力矩 M_j 为

$$M_j = F_j L$$

设平衡块的质量 m_p 集中在重心 B 处，$OB = r$，轴向尺寸为 l，则平衡块引起的离心力

F_p 为

$$F_p \approx 0.01 m_p r n^2$$

式中　m_p——平衡块的质量（kg）；

　　　r——平衡块重心至回转中心的距离（m）。

由 F_p 引起的力矩 M_p 为

$$M_p = F_p l$$

在综合考虑径向位置和轴向位置平衡的情况下，满足平衡关系式

$$M_j = M_p$$

即

$$0.01 m_j R n^2 L = 0.01 m_p r n^2 l$$

化简后得

$$m_p = \frac{m_j R L}{r l}$$

为了弥补估算法的误差，平衡块上应开有环形槽或径向槽，以便夹具装配时调整其位置。

长×宽×高=体积

体积×密度=质量

把各数据代入质量计算公式，得

$$\begin{aligned} m_j &= [(0.23 \times 0.11 \times 0.1) \times 7 \times 1000 + (0.068 \times 0.098 \times 0.106 \times 7 \times 1000)]\text{kg} \\ &= [17.71 + 4.944688]\text{kg} \\ &= 22.6\text{kg} \end{aligned}$$

平衡块质量　$m_p = \frac{m_j R L}{r l} = [(22.6 \times 72 \times 55)/(102 \times 12.5)]\text{kg} = 70.36\text{kg}$

3. 定位误差的分析

（1）$\phi 67^{+0.046}_{0}$mm 孔的中心线到 B 面的 $47.52^{+0.23}_{+0.08}$mm 尺寸误差　定位基准为工件 B 面，工序基准为工件 B 面，定位基准与工序基准重合，所以 $\Delta_B = 0$mm。

定位基准为工件 B 面，限位基准为支撑板，B 面与支撑板重合，所以 $\Delta_Y = 0$mm。

故：$\Delta_D = \Delta_B + \Delta_Y = 0$mm，所以定位能满足加工精度要求。

（2）C 面相对 $\phi 22^{+0.05}_{0}$ mm 孔中心线的对称度误差　定位基准为 C 面，工序基准为 $\phi 67^{+0.046}_{0}$mm的中心线，定位基准与工序基准不重合，所以 Δ_B 等于定位基准与工序基准距离的公差，$\Delta_B = 0.04/2\text{mm} = 0.02$mm。

定位基准为工件 C 面，限位基准为支撑板侧面，定位基准与限位基准重合，所以 $\Delta_Y = 0$mm。

故：$\Delta_D = \Delta_B + \Delta_Y = 0.02$mm。

支撑板的安装尺寸为 $73.5^{+0.01}_{-0.01}$mm，安装误差 $\Delta_A =$（0.01+0.01）mm = 0.02mm，

故：$D = \sqrt{\Delta_D^2 + \Delta_A^2} \approx 0.028\text{mm} < 0.03 = 0.1/3$，所以定位能满足加工精度要求。

（3）E 面相对 $\phi 22^{+0.05}_{0}$mm 孔的中心线的垂直度误差　定位基准为 B 面，工序基准为 E 面，定位基准与工序基准不重合，所以 Δ_B 等于定位基准与工序基准距离的误差。在铣 E 面的工序中，E 面与 B 面存在垂直度误差 0.02mm，所以 $\Delta_B = 0.02$mm。

支撑板有安装垂直度误差 0.02mm，$\Delta_A = 0.02$mm，

故：$D = \sqrt{\Delta_D^2 + \Delta_A^2} = 0.02$mm，所以能满足要求。

4. 夹具设计及操作的简要说明

左端的插拔销20插入孔中，松开螺母33摆动螺杆31往左，抬起横梁8带动活动V形块10把工件B面放上支撑板15、29上，支撑板15的侧面与工件C面靠牢，支撑板12与E面靠牢。把横梁8放下，活动V形块10与工件R40mm圆接触，摆动螺杆31向右，拧紧螺母33，车$\phi 67^{+0.046}_{0}$mm的孔。当$\phi 67^{+0.046}_{0}$mm的孔加工完成后，松开左右的螺钉26，拔出左端的插拔销20，角铁16向上移，当右边的插拔销20与分度孔对准时，在弹簧21的作用下插入孔中，实现分度。拧紧左右螺钉26，使角铁16锁紧，即加工$\phi 22^{+0.05}_{0}$mm孔。

车床专用夹具的装配图及夹具的部分重要零件的零件图见示例1-图3~6。

四、参考文献

[1] 陈宏钧．机械加工工艺设计员手册［M］．北京：机械工业出版社，2008.

[2] 上海市金属切削技术协会．金属切削手册［M］.2版．上海：上海科学技术出版社，1984.

[3] 王光斗，王春福．机床夹具设计手册［M］.3版．上海：上海科学技术出版社，2000.

[4] 宋小龙，安继儒．新编中外金属材料手册［M］．北京：化学工业出版社，2008.

[5] 方昆凡．公差与配合实用手册［M］．北京．机械工业出版社，2006.

[6] 朱耀祥．浦林祥．现代夹具设计手册［M］．北京．机械工业出版社，2010.

[7] 吴宗泽．机械零件设计手册［M］．北京：机械工业出版社，2003.

五、心得体会

经过这次毕业设计，我认为在机械加工工艺设计方面，应该注意以下几点：

1. 要能熟练运用机械制造工艺学课程中的基本理论以及在生产实习中学到的实践知识，正确地解决一个零件在加工中的定位、夹紧以及工艺路线的安排、工艺尺寸确定等问题，保证零件的加工质量。

2. 注重提高结构设计能力。通过设计夹具的训练，使我们提高了根据被加工零件的加工要求，设计高效、省力，既经济合理又能保证加工质量的夹具的能力。

3. 学会使用手册及工具书，掌握与设计有关的资料的名称和出处，能够做到熟练运用。

总的来说，通过这次毕业设计，自己无论在学习能力方面，还是动手能力方面都得到了一定的提升。这段时间，过得充实而有意义。

六、附录

1. 机械加工工艺过程卡片（示例1-表1）
2. 机械加工工序卡片（示例1-表2~4）
3. 专用夹具装配图（示例1-图3，见插页）
4. 专用夹具部分重要零件零件图（示例1-图4~6）

示例 1-表 1

机械加工工艺过程卡片	产品型号		零件图号	BYSJ－01	总 2 页	第 1 页
	产品名称	机油泵	零件名称	机油泵体	共 2 页	第 1 页

材料牌号	HT200	毛坯种类	铸件	毛坯外形尺寸	160×46×94	每毛坯可制件数		每台件数		备注	

工序号	工序名称	工序内容	车间	工段	设备	工艺装备	工时 准终	工时 单件
	铸	铸造	铸工					
	热处理	回火	热					
	涂漆	非加工表面涂黄色油漆						
1	钳	划线	钳工					
2	铣	以 D 面定位，在 H、G 两面夹紧，粗、精铣 A 面至图样要求，并保证底面留有足够加工余量	金工		立式铣床	铣刀、游标卡尺、平口钳		
3	铣	1. 以 A 面和 $R40$mm 顶端圆弧面定位，在 H、G 两面夹紧，粗铣 D 面至图样要求 2. 粗、精铣 B 面、C 面至图样要求，倒角 1mm×45°	金工		立式铣床	铣刀、游标卡尺、平口钳		
4	铣	以 B 面和 F 面定位，在 $R40$mm 顶端圆弧面处夹紧，粗、精铣 E 面至图样要求，并保证 F 面留有足够加工余量	金工		卧式铣床	铣刀、游标卡尺、铣床专用夹具		
5	车	1. 以 B 面、C 面和 E 面定位，在 $R40$mm 顶端圆弧面处夹紧，粗、精车 F 面至图样要求 2. 粗、精车 $\phi67^{+0.046}_{0}$mm 和 $\phi22^{+0.05}_{0}$mm 的孔至图样要求，倒角 0.5mm×45°	金工		卧式车床	车刀、游标卡尺、内径百分表、车床专用夹具		
6	钳	以 E 面、$R40$mm 顶端圆弧面和 A 面定位，在 F 面夹紧，钻 2×$\phi17$mm 的孔至图样要求，倒角 1mm×45°	钳工		立式钻床	钻头、游标卡尺、钻床专用夹具		
7	钳	1. 以 F 面、$\phi67^{+0.046}_{0}$mm 的孔和 A 面定位，用 $\phi67^{+0.046}_{0}$mm 的孔内表面夹紧，钻 4×M6 螺纹底孔 $\phi5$mm 深 15mm 2. 攻 4×M6 螺纹至图样要求	钳工		台式钻床	钻头、丝锥、游标卡尺、螺纹塞规、钻床专用夹具		
8	检验	1. 去毛刺，清洗						

描图

描校

底图号

装订号

									设计（日期）	审核（日期）	标准化（日期）	会签（日期）	
标记	处数	更改文件号	签字	日期	标记	处数	更改文件号	签字	日期				

（续）

机械加工工艺过程卡片		产品型号		零件图号	BYSJ－01	总 2 页	第 2 页
		产品名称	机油泵	零件名称	机油泵体	共 2 页	第 2 页

材料牌号	HT200	毛坯种类	铸件	毛坯外形尺寸	160×46×94	每毛坯可制件数		每台件数		备注	

工序号	工序名称	工序内容	车间	工段	设备	工艺装备	工时 准终	工时 单件
		2. 检验 3. 上油，入库						

描图	
描校	
底图号	
装订号	

										设计（日期）	审核（日期）	标准化（日期）	会签（日期）	
标记	处数	更改文件号	签字	日期	标记	处数	更改文件号	签字	日期					

示例1-表2

工序号：4	机械加工工序卡片	产品型号		零件图号	BYSJ－01	总1页	第1页
		产品名称	机油泵	零件名称	机油泵体	共1页	第1页

车间	工序号	工序名称	材料牌号
金工	40	铣	HT200
毛坯种类	毛坯外形尺寸		每台件数
铸件	160×46×94		
设备名称	设备型号	设备编号	同时加工件数
卧式铣床	X6132A		

夹具编号	夹具名称	切削液	
工位器具编号	工位器具名称	工序工时	
		准终	单件

工步号	工步内容	工艺设备	主轴转速/(r/min)	切削速度/(m/min)	进给量/(mm/min)	背吃刀量/mm	进给次数	工步工时	
								机动	辅助
1	以 *B* 面和 *F* 面定位，在 *R*40mm 顶端圆弧面处夹紧，粗铣 *E* 面，留 1mm 精加工余量	ϕ80 的面铣刀、游标卡尺 0～150mm、铣床专用夹具	235	60	475	2	1		
2	精铣 *E* 面至图样要求		475	110	475	1	1		

描图	描校	底图号	装订号

										设计（日期）	审核（日期）	标准化(日期)	会签(日期)
标记	处数	更改文件号	签字	日期	标记	处数	更改文件号	签字	日期				

示例 1-表 3

工序号：5	机械加工工序卡片	产品型号		零件图号	BYSJ－01	总 1 页	第 1 页
		产品名称	机油泵	零件名称	机油泵体	共 1 页	第 1 页

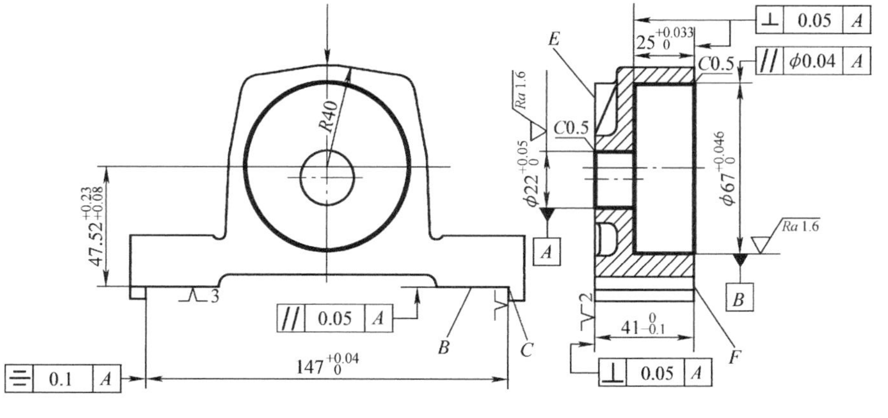

车间	工序号	工序名称	材料牌号
金工	50	车	HT200
毛坯种类	毛坯外形尺寸		每台件数
铸件	160×46×94		
设备名称	设备型号	设备编号	同时加工件数
卧式车床	CA6140		
夹具编号	夹具名称	切削液	
工位器具编号	工位器具名称	工序工时 准终	工序工时 单件

工步号	工步内容	工艺设备	主轴转速 /(r/min)	切削速度 /(m/min)	进给量 /(mm/r)	背吃刀量 /mm	进给次数	工步工时 机动	工步工时 辅助
1	以 *B* 面、*C* 面和 *E* 面定位，在 *R*40mm 顶端圆弧面处夹紧，粗车 *F* 面，留 1mm 精加工余量	端面车刀、游标卡尺 0～150mm、车床专用夹具	125	80	1.28	2	1		
2	精车 *F* 面至图样要求		200	110	0.94	1	1		
3	粗车 $\phi 67^{+0.046}_{0}$ mm 的孔，留 1mm 精加工余量，深度留 0.2mm 精加工余量	内孔车刀	200	40	0.91	1.5	1		
4	精车 $\phi 67^{+0.046}_{0}$ mm 的孔至图样要求	内径百分表 50～100mm	320	60	0.61	0.5	1		
5	粗车 $\phi 22^{+0.05}_{0}$ mm 的孔，留 1mm 精加工余量		710	50	0.51	1	1		
6	精车 $\phi 22^{+0.05}_{0}$ mm 的孔至图样要求	内径百分表 18～35mm	900	70	0.41	0.5	1		
7	倒角 0.5×45°	内孔倒角刀							

描图	描校	底图号	装订号

标记	处数	更改文件号	签字	日期	标记	处数	更改文件号	签字	日期	设计（日期）	审核（日期）	标准化（日期）	会签（日期）

示例1-表4

工序号：6	机械加工工序卡片	产品型号		零件图号	BYSJ－01	总1页	第1页
		产品名称	机油泵	零件名称	机油泵体	共1页	第1页

车间	工序号	工序名称	材料牌号
钳工	60	钳	HT200
毛坯种类	毛坯外形尺寸		每台件数
铸铁	160×46×94		
设备名称	设备型号	设备编号	同时加工件数
立式钻床	Z525		

夹具编号	夹具名称	切削液	
工位器具编号	工位器具名称	工序工时	
		准终	单件

工步号	工步内容	工艺设备	主轴转速/(r/min)	切削速度/(m/min)	进给量/(mm/r)	背吃刀量/mm	进给次数	工步工时 机动	工步工时 辅助
1	以E面、R40mm顶端圆弧面和A面定位，在F面夹紧，钻2×ϕ17mm的孔，保证尺寸(16±0.19)mm和(120±0.2)mm和表面粗糙度值Ra=12.5μm	ϕ17的钻头、游标卡尺0~150mm、钻床专用夹具	392	20	0.48	8.5	1		
2	倒角1mm×45°	ϕ20倒角的钻头							

描图	
描校	
底图号	
装订号	

										设计(日期)	审核(日期)	标准化(日期)	会签(日期)
标记	处数	更改文件号	签字	日期	标记	处数	更改文件号	签字	日期				

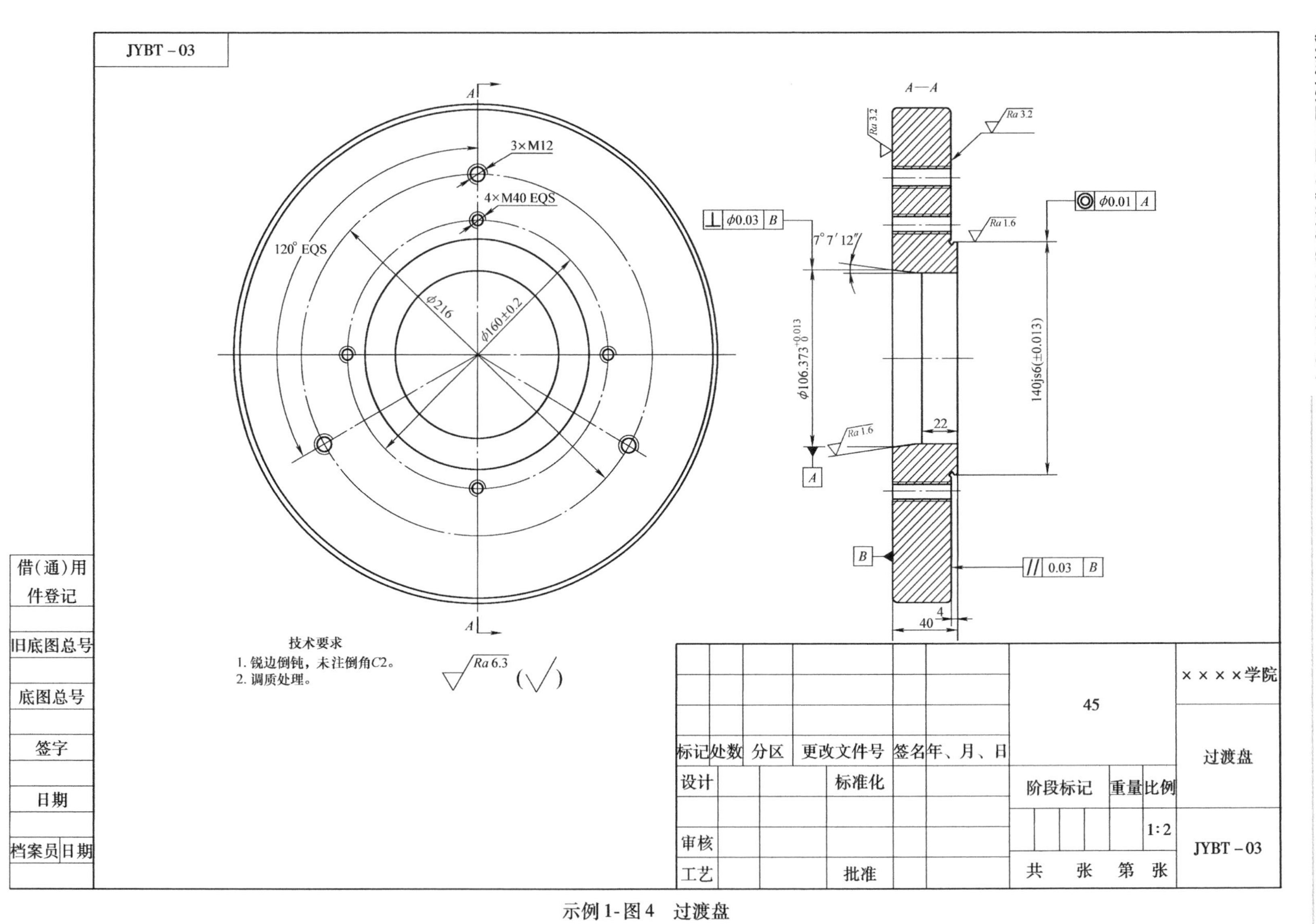
JYBT－03
A—A
3×M12
4×M40 EQS
120° EQS
ϕ216
ϕ160±0.2
Ra 3.2
Ra 1.6
ϕ0.01 A
ϕ0.03 B
7°7′12″
ϕ106.373
140js6(±0.013)
22
B
0.03 B
A
4
40
技术要求
1. 锐边倒钝，未注倒角C2。
2. 调质处理。
Ra 6.3
(√)
借(通)用件登记
旧底图总号
底图总号
签字
日期
档案员
日期
标记
处数
分区
更改文件号
签名
年、月、日
设计
标准化
审核
工艺
批准
45
阶段标记
重量
比例
1∶2
共　张　第　张
××××学院
过渡盘
JYBT－03
示例1-图4　过渡盘

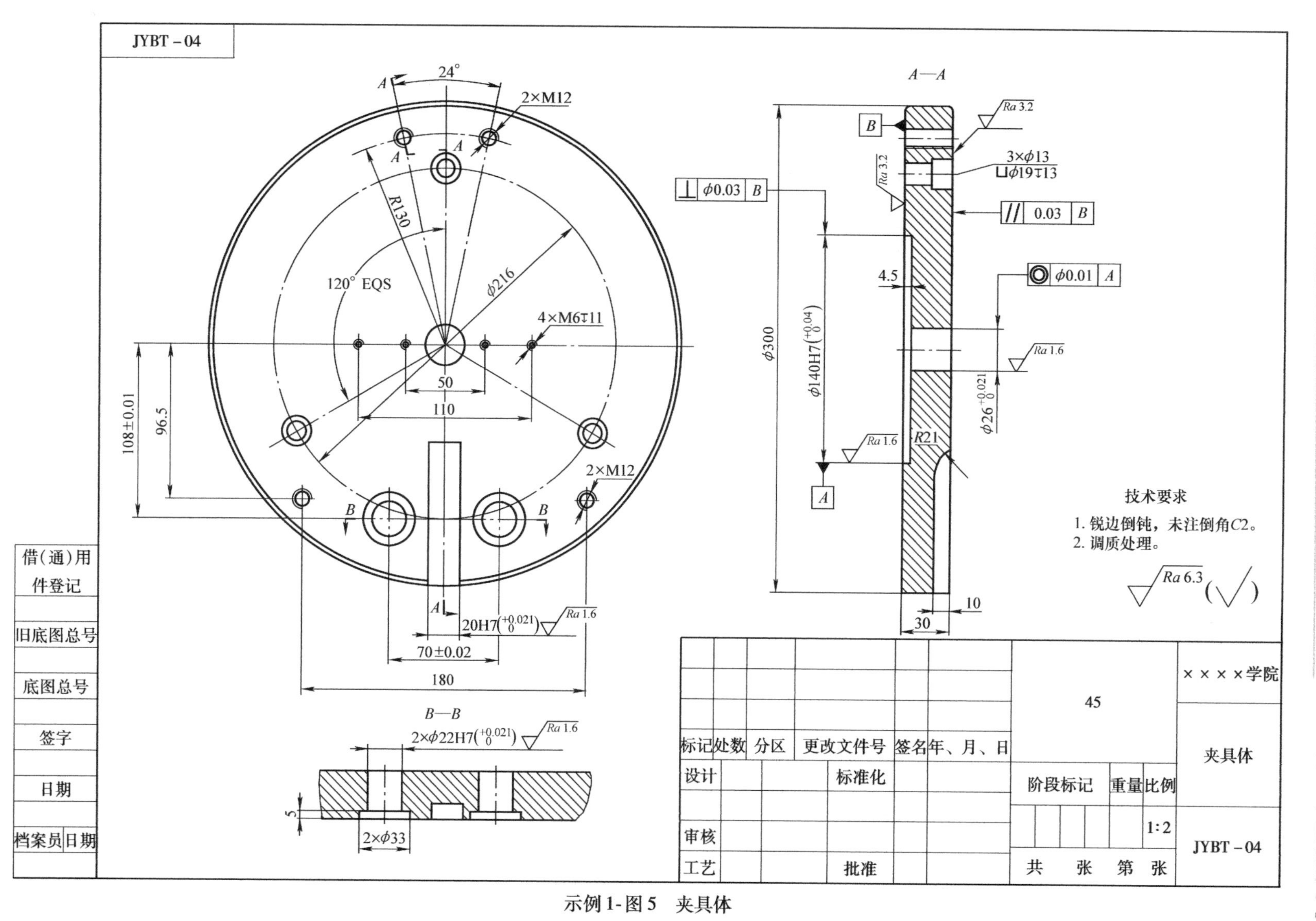
JYBT－04
24°
2×M12
R130
φ216
120° EQS
4×M6↧11
50
110
108±0.01
96.5
20H7($^{+0.021}_{0}$)
Ra 1.6
70±0.02
180
B—B
2×φ22H7($^{+0.021}_{0}$)
2×φ33
5
A—A
Ra 3.2
3×φ13
⊔φ19↧13
⊥ φ0.03 B
// 0.03 B
◎ φ0.01 A
4.5
φ300
φ140H7($^{+0.04}_{0}$)
φ26$^{+0.021}_{0}$
R21
10
30
技术要求
1. 锐边倒钝，未注倒角C2。
2. 调质处理。
Ra 6.3
借（通）用件登记
旧底图总号
底图总号
签字
日期
档案员
日期
标记
处数
分区
更改文件号
签名
年、月、日
设计
标准化
审核
工艺
批准
45
阶段标记
重量
比例
1:2
共　张　第　张
××××学院
夹具体
JYBT－04

示例1-图5　夹具体

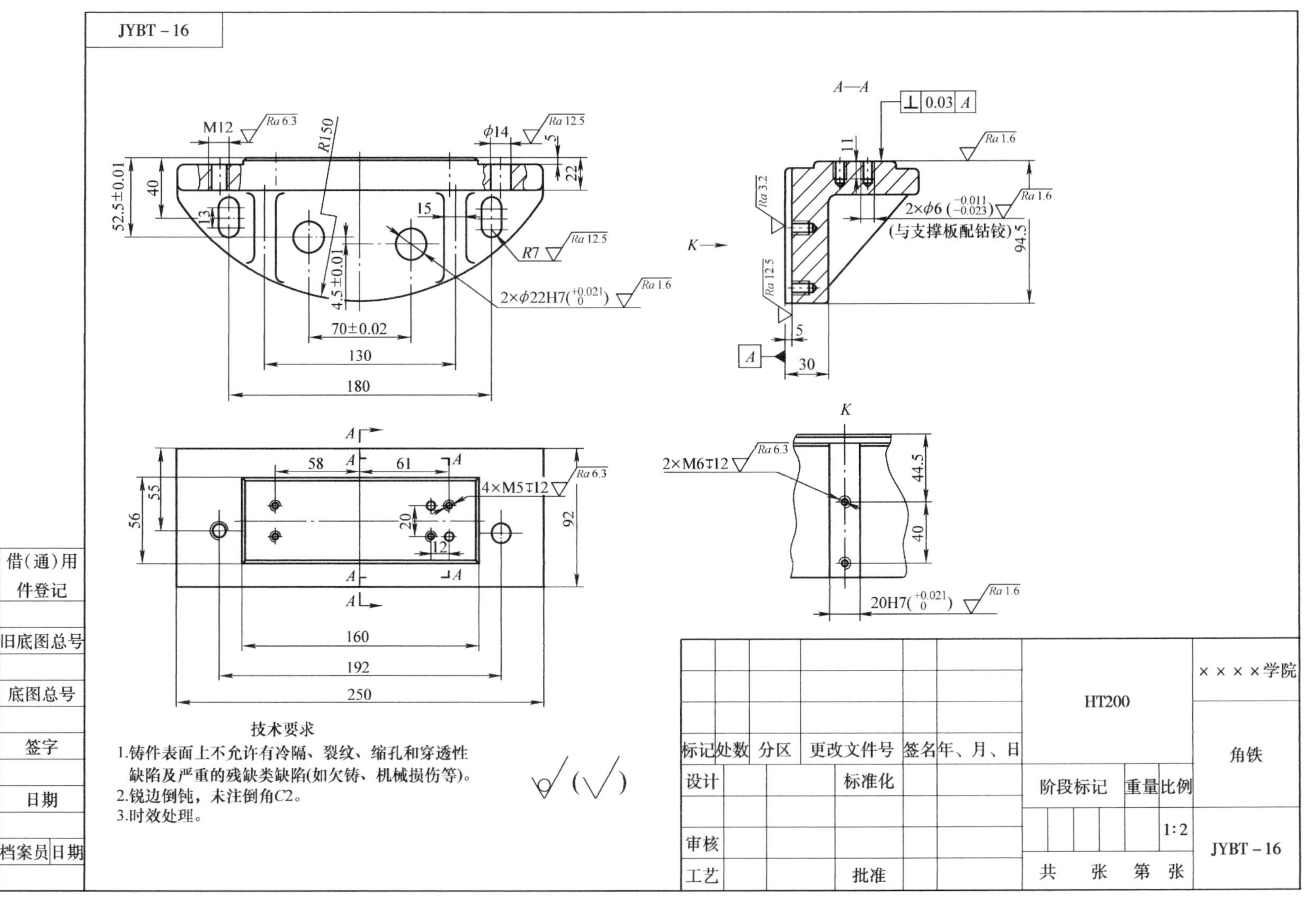
JYBT－16
M12
R150
φ14
52.5±0.01
40
13
15
22
5
R7
2×φ22H7($^{+0.021}_{0}$)
4.5±0.01
70±0.02
130
180
A—A
⊥ 0.03 A
11
2×φ6($^{-0.011}_{-0.023}$)
(与支撑板配钻铰)
94.5
K
5
30
A
58
61
4×M5↧12
55
56
20
12
92
160
192
250
2×M6↧12
44.5
40
20H7($^{+0.021}_{0}$)
技术要求
1.铸件表面上不允许有冷隔、裂纹、缩孔和穿透性缺陷及严重的残缺类缺陷(如欠铸、机械损伤等)。
2.锐边倒钝，未注倒角C2。
3.时效处理。
借（通）用件登记
旧底图总号
底图总号
签字
日期
档案员
日期
标记
处数
分区
更改文件号
签名
年、月、日
设计
标准化
审核
工艺
批准
HT200
阶段标记
重量
比例
1:2
共 张 第 张
××××学院
角铁
JYBT－16

示例1-图6　角铁

指导教师评语：

成绩__________

签名__________

年　　月　　日

答辩小组评语：

成绩__________

签名__________

年　　月　　日

毕业设计答辩记录表

＿＿＿＿年＿＿＿＿月＿＿＿＿日

<table>
<tr><td>班级</td><td></td><td>姓名</td><td></td><td>答辩时间</td><td></td></tr>
<tr><td>课题名称</td><td colspan="5"></td></tr>
<tr><td rowspan="5">答辩
小组
成员</td><td>姓名</td><td colspan="2">单位</td><td>职称</td><td>备注</td></tr>
<tr><td></td><td colspan="2"></td><td></td><td></td></tr>
<tr><td></td><td colspan="2"></td><td></td><td></td></tr>
<tr><td></td><td colspan="2"></td><td></td><td></td></tr>
<tr><td></td><td colspan="2"></td><td></td><td></td></tr>
</table>

<table>
<tr><td rowspan="2">序号</td><td rowspan="2">提问主要问题</td><td colspan="4">回答情况</td><td>提问人</td></tr>
<tr><td>好</td><td>较好</td><td>基本正确</td><td>错误</td><td></td></tr>
<tr><td>1</td><td></td><td></td><td></td><td></td><td></td><td></td></tr>
<tr><td>2</td><td></td><td></td><td></td><td></td><td></td><td></td></tr>
<tr><td>3</td><td></td><td></td><td></td><td></td><td></td><td></td></tr>
<tr><td>4</td><td></td><td></td><td></td><td></td><td></td><td></td></tr>
<tr><td>5</td><td></td><td></td><td></td><td></td><td></td><td></td></tr>
<tr><td>6</td><td></td><td></td><td></td><td></td><td></td><td></td></tr>
<tr><td>7</td><td></td><td></td><td></td><td></td><td></td><td></td></tr>
<tr><td>8</td><td></td><td></td><td></td><td></td><td></td><td></td></tr>
<tr><td>9</td><td></td><td></td><td></td><td></td><td></td><td></td></tr>
<tr><td>10</td><td></td><td></td><td></td><td></td><td></td><td></td></tr>
<tr><td>11</td><td></td><td></td><td></td><td></td><td></td><td></td></tr>
<tr><td>12</td><td></td><td></td><td></td><td></td><td></td><td></td></tr>
<tr><td>13</td><td></td><td></td><td></td><td></td><td></td><td></td></tr>
<tr><td>14</td><td></td><td></td><td></td><td></td><td></td><td></td></tr>
<tr><td>15</td><td></td><td></td><td></td><td></td><td></td><td></td></tr>
</table>

<table>
<tr><td colspan="2">毕业设计（论文）成绩评定表</td><td>成绩</td><td>指导教师</td><td>答辩小组</td></tr>
<tr><td rowspan="5">设计能力</td><td>能正确地独立思考与工作，理解力强，有创造性</td><td>优</td><td></td><td></td></tr>
<tr><td>能理解所学的内容，有一定的独立工作能力</td><td>良</td><td></td><td></td></tr>
<tr><td>理解力、设计能力虽一般，但尚能独立工作</td><td>中</td><td></td><td></td></tr>
<tr><td>理解力、设计能力一般，独立工作能力不够</td><td>及</td><td></td><td></td></tr>
<tr><td>理解力、设计能力差，依赖性大，不加消化地照抄照搬</td><td>不</td><td></td><td></td></tr>
<tr><td rowspan="5">设计内容</td><td>能全面考虑问题，设计方案合理，在某些方面解决得较好，有创见</td><td>优</td><td></td><td></td></tr>
<tr><td>能较全面考虑问题，设计方案中无错误</td><td>良</td><td></td><td></td></tr>
<tr><td>考虑问题还算全面，设计方案中有个别错误</td><td>中</td><td></td><td></td></tr>
<tr><td>考虑问题稍欠全面，设计方案中有些错误</td><td>及</td><td></td><td></td></tr>
<tr><td>考试问题片面，设计方案中有原则性和重大的错误</td><td>不</td><td></td><td></td></tr>
<tr><td rowspan="5">表达能力</td><td>设计内容表现很好，制图细致清晰，说明书简明扼要</td><td>优</td><td></td><td></td></tr>
<tr><td>设计内容表现较好，制图清晰，说明书能表达设计意图</td><td>良</td><td></td><td></td></tr>
<tr><td>设计内容表现还好，制图还清晰，说明书尚能表达设计意图</td><td>中</td><td></td><td></td></tr>
<tr><td>设计内容表现一般，制图一般，说明书尚能表达设计意图</td><td>及</td><td></td><td></td></tr>
<tr><td>设计内容表现较差，制图粗糙，不清晰不整洁，说明书不能表达设计内容</td><td>不</td><td></td><td></td></tr>
<tr><td rowspan="5">设计态度</td><td>学习与设计态度认真踏实，肯钻研，虚心</td><td>优</td><td></td><td></td></tr>
<tr><td>学习与设计态度认真、主动</td><td>良</td><td></td><td></td></tr>
<tr><td>学习与设计态度尚认真</td><td>中</td><td></td><td></td></tr>
<tr><td>学习与设计要求不严</td><td>及</td><td></td><td></td></tr>
<tr><td>学习与设计态度马虎</td><td>不</td><td></td><td></td></tr>
<tr><td rowspan="5">答辩成绩</td><td>介绍方案简明扼要，能正确回答所提出的问题</td><td>优</td><td></td><td></td></tr>
<tr><td>介绍方案能表达设计内容，能正确回答所提出的问题</td><td>良</td><td></td><td></td></tr>
<tr><td>介绍方案能表达设计内容，基本上能正确回答所提出的问题</td><td>中</td><td></td><td></td></tr>
<tr><td>介绍方案尚能表达设计内容，能正确回答所提出的问题</td><td>及</td><td></td><td></td></tr>
<tr><td>介绍方案不能表达设计内容，不能正确回答所提出的问题</td><td>不</td><td></td><td></td></tr>
<tr><td colspan="5">题目难度系数（0.7～1.2）</td></tr>
<tr><td colspan="5">指导教师建议成绩__________（签名） ____年____月____日</td></tr>
<tr><td colspan="5">答辩小组建议成绩__________（签名） ____年____月____日</td></tr>
<tr><td colspan="5">答辩委员会评定成绩__________（签名） ____年____月____日</td></tr>
</table>

注：1. 各栏成绩可按优、良、中、及、不等打分。

2. 难度系数标准为1，偏难或偏易酌情打分。

示例2　拨叉的机械加工工艺编制及铣床专用夹具设计

××××学院

毕业设计说明书

课　　题　拨叉的机械加工工艺编制及铣床专用夹具设计

学生姓名　________________

专业班级　________________

学　　号　________________

系　　部　________________

指导教师　________________

设计日期　________________

毕业设计任务书

一、班级：　　　　　姓名：

课题：拨叉的机械加工工艺编制及铣床专用夹具设计

二、设计任务

1. 绘制拨叉零件图（示例2-图1）　　1张。
2. 编写拨叉的机械加工工艺过程卡片　　1份。
3. 编写拨叉的工序卡片（主要工序）　　部分（不少于3张）。
4. 设计加工拨叉16H7（mm）×8H7（mm）槽的铣床专用夹具　　1套。
5. 绘制专用夹具装配图　　1张（A1或A2）。
6. 绘制专用夹具零件图（主要零件）　　部分（A3或A4）。
7. 编写毕业设计说明书　　1份。

三、设计要求

1. 按批量5000件/年编写工艺文件、设计夹具。工艺文件的编写应完整正确。
2. 夹具设计应结构简单、定位准确、夹紧可靠、使用方便。
3. 认真编写毕业设计说明书，字迹工整，能正确表达设计意图。
4. 所有图样清晰完整，并符合国家标准。

四、毕业设计期限：自　　年　　月　　日至　　年　　月　　日

五、指导教师：　　　　　　　　　组长审核：

备注	1. 一律用钢笔书写。 2. 若填写内容较多，可增加同样大小的附页。

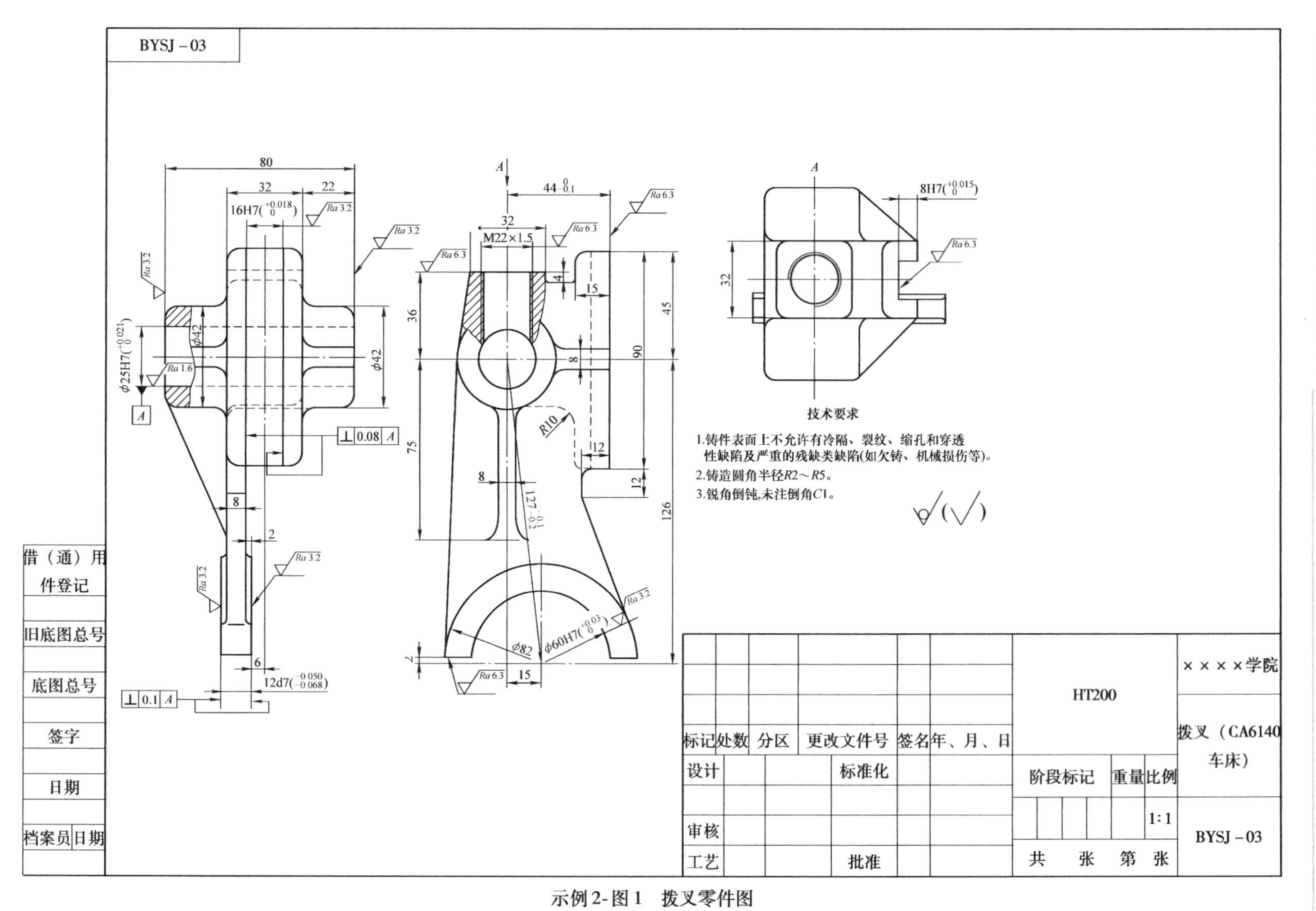
BYSJ－03
技术要求
1.铸件表面上不允许有冷隔、裂纹、缩孔和穿透性缺陷及严重的残缺类缺陷(如欠铸、机械损伤等)。
2.铸造圆角半径R2～R5。
3.锐角倒钝,未注倒角C1。
借(通)用件登记
旧底图总号
底图总号
签字
日期
档案员 日期
标记 处数 分区 更改文件号 签名 年、月、日
设计 标准化
审核
工艺 批准
HT200
阶段标记 重量 比例
1:1
共 张 第 张
××××学院
拨叉(CA6140车床)
BYSJ－03

示例2-图1　拨叉零件图

示例 2 目录

序　言

毕业设计是将这几年累积的理论知识与综合技能相结合的过程，是对专业知识的综合运用训练，是一次深入性的综合复习，并为我们走向工作岗位打下良好的基础。机械加工工艺规划、机床夹具的设计直接关系到产品的质量、生产率及其加工产品的经济效益，因此，在此次的设计过程中应保证其合理性、科学性、完善性。

在此次的毕业设计过程中，我巩固了机械制造工艺课程中学到的基本理论以及在生产实习中学到的知识，还学会使用手册及图表，掌握了与本设计有关的资料并且做到了熟练运用，对于以往印象较为模糊的知识也进行了进一步的学习巩固。通过自身的努力及指导老师的帮助，解决一个零件在加工中的定位、夹紧以及工艺路线安排、工艺尺寸确定等问题，并锻炼了我分析、解决问题的能力。

一、零件的分析

（一）零件的作用

题目所给定的零件是拨叉（示例2-图1），主要用在车床操纵机构中，改变车床滑移齿轮的位置，实现变速。该拨叉材料为HT200，具有较高的强度、耐磨性、耐热性及减振性，使用于承受较大应力，要求耐磨的零件。

（二）零件的工艺分析

1. ϕ82mm外圆的两端面

ϕ82mm外圆的两端面表面粗糙度为Ra3.2，相对于ϕ25H7（mm）孔有垂直度公差0.1mm的要求；其右侧面与16H7（mm）×8H7（mm）槽中心线距离为6mm，与厚度为8mm的板右侧距离为2mm。

2. ϕ60H7（mm）孔

ϕ60H7（mm）孔表面粗糙度为Ra3.2，相对于ϕ25H7（mm）孔中心距离分别为15mm、126mm。

3. ϕ25H7（mm）孔

ϕ25H7（mm）孔表面粗糙度为Ra1.6，其中心线为ϕ82mm外圆的两端面及16H7（mm）×8H7（mm）槽的两侧面的垂直度基准；与90mm×32mm面距离为$44_{-0.1}^{\ 0}$mm；与32mm×32mm面距离为36mm；与左侧肋板底边的距离为75mm。

4. ϕ82mm外圆与ϕ60H7（mm）孔的下端面

ϕ82mm外圆与ϕ60H7（mm）孔的下端面，表面粗糙度值为Ra6.3μm，与ϕ60H7（mm）孔中心距离为2mm。

5. 32mm×32mm 面、90mm×32mm 面及 M22×1.5mm 螺纹

32mm×32mm 面表面粗糙度值为 $Ra6.3\mu m$，其与 $\phi25H7$（mm）孔中心线距离为 36mm；90mm×32mm 面表面粗糙度值为 $Ra6.3\mu m$，其厚度为 15mm；M22×1.5mm 螺纹面表面粗糙度值为 $Ra6.3\mu m$，其中心通过 $\phi25H7$（mm）孔中心线，距 90mm×32mm 面为 $44_{-0.1}^{0}$mm。

6. 16H7(mm)×8H7(mm)槽

16H7（mm）×8H7（mm）槽两侧面相对于基准 A［$\phi25H7$（mm）孔中心线］有垂直度要求，表面粗糙度值为 $Ra3.2\mu m$；槽底表面粗糙度值为 $Ra6.3\mu m$；槽宽精度为 16H7（$^{+0.018}_{0}$）mm。

二、工艺规程设计

（一）确定毛坯的制造形式

由题目已知，此拨叉材料为 HT200，铸件经人工时效，除应力处理。根据其生产批量 5000/年件，可知生产类型为中批量生产，而且零件轮廓尺寸不大，故毛坯的铸造方法选用金属型铸造（两件合铸）。

（二）选择基准

基准选择是工艺规程设计中的重要工作之一。基准选择得正确、合理，可以使加工质量得到保证，生产率得以提高。否则，加工工艺过程中会问题百出，更有甚者，还会造成零件的大批报废，使生产无法正常进行。

1. 粗基准的选择

粗基准的选择对工件主要有两个方面的影响，一是影响工件上加工表面与不加工表面的相互位置，二是影响加工余量的分配。

粗基准的选择原则：

1）对于同时具有加工表面和不加工表面的零件，当必须保证不加工表面与加工表面的相互位置时，应选择不加工表面为粗基准。如果零件上有多个不加工表面，应选择其中与加工表面相互位置要求高的表面为粗基准。

2）如果必须首先保证工件某重要表面的加工余量均匀，应选择该表面作粗基准。

3）如需保证各加工表面都有足够的加工余量，应选加工余量较小的表面作粗基准。

4）作粗基准的表面应平整，没有浇口、冒口、飞边等缺陷，以便定位可靠。

5）粗基准原则上只能使用 1 次。

按照有关粗基准的选择原则，对于本零件来说，应选择 $\phi42$mm 外圆和 $\phi82$mm 外圆左端面为粗基准，来加工 $\phi82$mm 外圆右端面、$\phi60H7$（mm）孔及 $\phi25H7$（mm）孔。

2. 精基准的选择

选择精基准主要从保证工件的位置精度和装夹方便这两方面来考虑。

精基准的选择原则：

（1）基准重合原则　以设计基准为定位基准，避免基准不重合误差，加工零件时，如

果基准不重合将出现基准不重合误差。

（2）基准统一原则　选用统一的定位基准来加工工件上的各个加工表面，以避免基准的转换带来的误差，利于保证各表面的位置精度，简化工艺规程，夹具设计、制造，缩短生产准备周期。

基准统一原则通常运用在轴类零件、盘类零件和箱体类零件。轴的精基准为轴两端的中心孔；齿轮是典型的盘类零件，常以中心孔及一个端面为精加工基准；箱体类零件常以一个平面及平面上的两个定位用工艺孔为精基准。

（3）自为基准原则　当某些精加工表面要求加工余量小而均匀时，可选择该加工表面本身作为定位基准，以提高加工面本身的精度和表面质量。

（4）互为基准原则　互为基准能够提高重要表面间的相互位置精度，或使加工余量小而均匀。

选择精基准还应考虑能保证工件定位准确，装夹方便，夹具结构简单适用。

根据以上原则，选择 ϕ82mm 外圆右端面、ϕ60H7（mm）孔及 ϕ25H7（mm）孔作为精基准。因为它们是拨叉的设计基准，用它们作加工基准能够使加工遵循基准重合的原则，也符合基准统一原则。

（三）制定工艺路线

制定工艺路线的出发点，应当是使零件的几何形状、尺寸精度及位置精度等技术要求能得到合理的保证。在生产纲领已确定为中批量生产的条件下，可以采用通用机床配以专用工夹具，并尽量使工序集中来提高生产率。除此之外，还应考虑经济效益，以便降低生产成本。

1. 工序1：粗、精车 12d7（mm）右端面，粗、精车 ϕ60H7（mm）孔

1）以左端 ϕ42mm 外圆和 12d7（mm）左端面定位，在右端 ϕ42mm 外圆夹紧，粗、精车 12d7（mm）右端面至图样要求，并保证 12d7（mm）左端面留有足够加工余量。

2）粗、精车 ϕ60H7（mm）孔至图样要求。

2. 工序2：粗、精车 12d7mm 左端面

以 ϕ60H7（mm）孔和 12d7（mm）右端面定位，在肋板处夹紧，粗、精车 12d7（mm）左端面至图样要求。

3. 工序3：钻、扩、铰 ϕ25H7（mm）孔

以 ϕ60H7（mm）孔、12d7（mm）右端面和 ϕ42mm 外圆定位，在 12d7（mm）左端面处夹紧，钻、扩、铰 ϕ25H7（mm）孔至图样要求。

4. 工序4：铣 ϕ82mm 外圆中间端面

以 ϕ60H7（mm）、ϕ25H7（mm）孔和 12d7（mm）右端面定位，在 12d7（mm）左端面处夹紧，铣 ϕ82mm 外圆中间端面至图样要求（两件切开成单件）。

5. 工序5：粗、精铣 90mm×32mm 面，粗、精铣 16H7（mm）×8H7（mm）通槽

1）以 ϕ25H7（mm）孔、12d7（mm）右端面和 ϕ60H7（mm）圆弧面定位，在 12d7（mm）左端面处夹紧，粗、精铣 90mm×32mm 面至图样要求。

2）粗、精铣 16H7（mm）×8H7（mm）通槽至图样要求。

6. 工序6：粗、精铣 32mm×32mm 面

以 ϕ25H7（mm）孔、12d7（mm）右端面和 ϕ60H7（mm）圆弧面定位，在 12d7（mm）左

端面处夹紧，粗、精铣 32mm×32mm 面至图样要求。

7. 工序 7：攻 M22×1.5mm 螺纹

1）以 ϕ25H7（mm）孔、12d7（mm）右端面和 ϕ60H7（mm）圆弧面定位，在 12d7（mm）左端面处夹紧，钻 M22×1.5mm 螺纹底孔 ϕ20.5mm，孔口倒角 1mm×45°。

2）攻 M22×1.5mm 螺纹至图样要求。

8. 工序 8：检验

1）去毛刺，清洗。

2）检验。

3）上油，入库。

（四）确定机械加工余量

根据上述原始资料及加工工艺，分别确定各加工表面的机械加工余量。

1. 工序 1：粗、精车 12d7（mm）右端面，粗、精车 ϕ60H7（mm）孔

1）车 12d7（mm）右端面。参照《机械加工工艺师手册》[1]，粗车该面时单边余量 $Z=2$mm，精车该面时单边余量 $Z=1$mm。

2）粗、精车 ϕ60H7（mm）孔。参照《机械加工工艺师手册》[1]，粗车双边余量 $2Z=2$mm，精车双边余量 $2Z=1$mm。

2. 工序 5：粗、精铣 90mm×32mm 面，粗、精铣 16H7（mm）×8H7（mm）通槽

1）粗、精铣 90mm×32mm 面。参照《机械加工工艺师手册》[1]，粗铣单边余量 $Z=2$mm，精铣单边余量 $Z=0.5$mm。

2）粗、精铣 16H7(mm)×8H7(mm)通槽。参照《机械加工工艺师手册》[1]，粗铣单边余量 $Z=2$mm，精铣单边余量 $Z=0.5$mm。

3. 工序 7：钻、攻 M22×1.5mm 螺纹

毛坯孔为实心孔，参照《机械加工工艺师手册》[1]，钻孔 ϕ20.5mm，单边余量 $Z=10.25$mm。

（五）确定切削用量

1. 工序 1：粗、精车 12d7（mm）右端面，粗、精车 ϕ60H7（mm）孔

（1）加工条件

工件材料：铸件 HT200，时效处理。

加工要求：粗、精车 12d7（mm）右端面，粗、精车 ϕ60H7（mm）孔。

刀具：YG6 硬质合金外圆及内孔车刀。

机床：CA6140 车床。

（2）计算切削用量

1）粗车 12d7（mm）右端面。根据工件材料、工件直径及使用要求等，选用 CA6140 车床加工，根据《切削用量简明手册》[2]，取 $f=0.5$mm/r，$v_c=75$m/min。

机床主轴转速 n 为

$$n=\frac{1000v_c}{\pi d_0} \tag{示例2-式1}$$

取 $d_0=80$mm，$v_c=75$m/min，代入公式示例 2-式 1 得

$$n=\frac{1000\times 75}{3.14\times 80}\text{r/min}=298.56\text{r/min}$$

查机床转速表，选定 $n=280\text{r/min}$。

最终确定 $v_c=\frac{\pi dn}{1000}=\frac{\pi\times 80\times 280}{1000}\text{m/min}=70.03\text{m/min}$，$f=0.51\text{mm/r}$。

同时确定背吃刀量 $a_p=2\text{mm}$。

2）精车 12d7（mm）右端面。根据《切削用量简明手册》[2]，取 $f=0.2\text{mm/r}$，$v_c=80\text{m/min}$。

代入公式示例 2-式 1 得 $n=318.5\text{r/min}$。

查机床转速表，选定 $n=355\text{r/min}$。

最终确定 $v_c=\frac{\pi dn}{1000}=89.2\text{m/min}$，$f=0.20\text{mm/r}$，$a_p=1\text{mm}$。

3）粗车 ϕ60H7（mm）孔。根据《切削用量简明手册》[2]，取 $f=0.5\text{mm/r}$，$v_c=80\text{m/min}$，$a_p=1\text{mm}$。

代入公式示例 2-式 1 得 $n=424.5\text{r/min}$。

查机床转速表，选定 $n=400\text{r/min}$。

最终确定 $v_c=\frac{\pi dn}{1000}=75.4\text{m/min}$，$f=0.51\text{mm/r}$，$a_p=1\text{mm}$。

4）精车 ϕ60H7（mm）孔。根据《切削用量简明手册》[2]，取 $f=0.2\text{mm/r}$，$v_c=90\text{m/min}$，$a_p=0.5\text{mm}$。

代入公式示例 2-式 1 得 $n=477.8\text{r/min}$。

查机床转速表，选定 $n=500\text{r/min}$。

最终确定 $v_c=\frac{\pi dn}{1000}=94.2\text{m/min}$，$f=0.20\text{mm/r}$，$a_p=0.5\text{mm}$。

2. 工序 5：粗、精铣 90mm×32mm 面，粗、精铣 16H7（mm）×8H7（mm）通槽

（1）粗铣 90mm×32mm 面

1）加工条件。已知背吃刀量 $a_p\leqslant 4\text{mm}$，工件材料为铸件，铣削宽度 $a_w\leqslant 60\text{mm}$。

工件尺寸：宽度 28mm，长度 64mm，加工余量 2mm。

选用卧式铣床 X6130A。

查《切削用量简明手册》[2]表 3.1，选用 YG6 硬质合金刀片，铣刀直径 $d=80\text{mm}$。

2）计算切削用量。由于加工余量不大，故可在一次走刀内切完，则 $a_p=2\text{mm}$。

采用不对称端铣以提高进给量。查《切削用量简明手册》[2]表 3.5 得 $f_z=0.14\sim 0.24\text{mm}/z$；查表 3.7，得铣刀刀齿后刀面最大磨损量为 1.5～2mm；查表 3.8，得铣刀平均寿命 $T=180\text{min}$，选取切削速度 $v_c=80\text{m/min}$。

查《机械加工工艺师手册》[1]，取 $f_z=0.24\text{mm}/z$　$f=f_z z=0.24\times 10\text{mm/r}=2.4\text{mm/r}$。

代入公式示例 2-式 1 得 $n=318.5\text{r/min}$

查机床转速表，选定 $n=300\text{r/min}$。

最终确定 $v_c=\frac{\pi dn}{1000}=75.4\text{m/min}$。

（2）精铣 90mm×32mm 面　查《机械加工工艺师手册》[1]，取 $f_z=0.1\text{mm/z}$。$v_c=$

90m/min，$f=f_z z=0.1\times10\text{mm/r}=1.0\text{mm/r}$。

代入公式示例2-式1得 $n=358.3\text{r/min}$。

查机床转速表，选定 $n=380\text{r/min}$。

最终确定 $v_c=\dfrac{\pi dn}{1000}=95.5\text{m/min}$。

(3) 粗铣16H7(mm)×8H7(mm)通槽　根据加工要求为通槽，采用 ϕ14mm高速钢立铣刀加工。

查《机械加工工艺师手册》[1]，取 $f=0.24\text{mm/r}$，$v_c=25\text{m/min}$，$a_w=8\text{mm}$，$a_p=1\text{mm}$。

代入公式示例2-式1得 $n=568.7\text{r/min}$。

查机床转速表，选定 $n=590\text{r/min}$。

最终确定 $v_c=\dfrac{\pi dn}{1000}=25.9\text{m/min}$。

(4) 精铣16H7（mm）×8H7（mm）通槽　查《机械加工工艺师手册》[1]，取 $f=0.18\text{mm/r}$。$v_c=30\text{m/min}$，$a_w=8\text{mm}$，$a_p=0.5\text{mm}$。

代入公式示例2-式1得 $n=682.4\text{r/min}$。

查机床转速表，选定 $n=725\text{r/min}$。

最终确定 $v_c=31.9\text{m/min}$。

3. 工序7：钻、攻M22×1.5mm螺纹

工件为铸件，在平面上加工螺纹孔，底孔 ϕ20.5mm，刀具采用 ϕ20.5mm高速钢钻头，机床为ZA5140立式钻床。

1）钻M22×1.5mm底孔 ϕ20.5mm。查《切削用量简明手册》[2]，$f=0.47\sim0.57\text{mm/r}$，取 $f=0.48\text{mm/r}$。

$$a_p=10.25\text{mm},\ v_c=20\text{m/min}。$$

代入公式示例2-式1得 $n=310.1\text{r/min}$。

查机床转速表，选定 $n=350\text{r/min}$。

最终确定 $v_c=\dfrac{\pi dn}{1000}=22.5\text{m/min}$。

2）由钳工手动攻M22×1.5mm螺纹。

三、专用夹具设计

为了提高劳动生产率，保证加工质量，降低劳动强度，通常需要设计专用夹具。

经过与指导老师协商，决定设计第5道工序——粗、精铣90mm×32mm面，粗、精铣16H7（mm）×8H7（mm）通槽的铣床专用夹具。

（一）问题的提出

本夹具主要用来加工16H7（mm）×8H7（mm）通槽的铣床专用夹具，与这个槽相关的尺寸有与 ϕ25H7（mm）中心线的距离 $44_{-0.1}^{\ 0}$mm及与 ϕ82mm右端面的距离6mm。槽宽由刀具精度保证，其余两个尺寸均由夹具保证；6mm为自由公差，取中等级公差，为

±0.1mm。在本道工序加工时，主要是如何通过专用夹具来保证加工精度，提高劳动生产率和降低劳动强度。

（二）夹具设计

1. 定位基准的选择

由零件图可知，由于工件主要靠 ϕ82mm 外圆右端面定位，加工 16H7(mm) ×8H7(mm) 槽时从保证加工稳定性决定设置一个辅助支撑。用 ϕ25H7（mm）孔作为定位，及一个挡销，故采用一面一短销及一挡销，刚好限制了工件的 6 个自由度。另外考虑工件的稳定性，将辅助支撑设在 ϕ25H7（mm）孔右端面。

由于主要定位面在 ϕ82mm 外圆右端面，因此，将夹紧力垂直于 ϕ82mm 外圆右端面。若夹紧方式为螺母夹紧，拆装螺母的时间会使加工效率降低，同时加大了劳动强度，所以为了便于工件的装拆，将此处的夹紧方式改为移动压板夹紧。这样可以利用压板中间的腰槽使螺母在不完全拆卸的情况下移动，从而拆装工件。此外因加工面距离夹紧的距离有点远，因此，再加一个心轴夹紧装置，并使用开口垫圈，便于拆卸，增加加工稳定性。夹紧时应先压紧压板，再调节辅助支撑，最后压紧心轴。

2. 切削力、夹紧力的计算

（1）切削力的计算　查《机械加工工艺师手册》[1]表 3.4-19

$$F_c = C_F k_F a_p^{0.83} f_z^{0.65} d_0^{-0.83} z a_p$$

式中　F_c——主切削力（N）；

C_F——考虑铣刀类型及工件材料的系数，按《机械加工工艺师手册》[1]表 2.2-19 取 294；

a_p——背吃刀量（mm）；

f_z——每齿进给量（mm/z）；

d_0——铣刀直径（mm）；

z——铣刀齿数（z）；

k_F——修正系数，k_F =（HBW/190)$^{0.55}$。

代入公式计算得

$$\begin{aligned} F_c &= C_F k_F a_P^{0.83} f_z^{0.65} d_0^{-0.83} Z a_P \\ &= 294 \times 1 \times 2^{0.83} \times 0.24^{0.65} \times 16^{-0.83} \times 2 \times 2\text{N} \\ &= 82.8\text{N} \end{aligned}$$

查《机械加工工艺师手册》[1]表 3.4-22

$$F_c = F_z,\ F_v/F_z = 0.2,\ F_v = 16.6\text{N}$$

$$F_a/F_z = 0.35,\ F_a = 29.0\text{N}$$

式中　F_v——径向切削力（N）；

F_a——轴向切削力（N）。

则总切削力

$$\begin{aligned} F_{总} &= \sqrt{F_c^2 + F_v^2 + F_a^2} \\ &= 89.29\text{N} \end{aligned}$$

（2）夹紧力的计算

1）实际夹紧力计算　　$W_k = KF_{总}(f_1 + f_2)$

式中　W_k——实际所需夹紧力（N）；

f_1、f_2——摩擦因数；

K——安全系数，$K = K_1K_2K_3K_4$，其中 K_1 为一般安全系数，K_2 为加工性质系数，K_3 为刀具钝化程度系数，K_4 为断续切削系数。查《机械加工工艺师手册》[1]：$K = K_1K_2K_3K_4 = 1.7 \times 1.2 \times 1.2 \times 1 = 2.448$。

取 $f_1 = 0.6$，$f_2 = 0.6$，因此

$$\begin{aligned} W_k &= KF_{总}(f_1 + f_2) \\ &= 89.29 \times 2.448 \times 1.2 \\ &= 262\text{N} \end{aligned}$$

2）单个螺栓夹紧力计算　　$W_0 = \dfrac{QL}{r'\tan\varphi_1 + r_z\tan(\alpha + \varphi'_2)}$

式中　W_0——单个螺旋夹紧产生的夹紧力（N）；

Q——原始作用力（N）；

L——作用力臂（mm）；

r'——当量摩擦半径（mm）；

φ_1——螺杆与工件间的摩擦角（°）；

r_z——螺纹中径之半（mm）；

α——螺纹升角（°）；

φ'_2——当量摩擦角（°）。

查《机械加工工艺师手册》[1]表 2.2-25～29：

$Q = 5690\text{N}$，$L = 6\text{mm}$，$r' = 9.33\text{mm}$，$\varphi_1 = 30°$，$\varphi'_2 = 9°50'$，$r_z = 5.4315$，$\alpha = 2°56'$，因此

$$\begin{aligned} W_0 &= \frac{QL}{r'\tan\varphi_1 + r_z\tan(\alpha + \varphi'_2)} \\ &= \frac{5690 \times 6}{9.33 \times \tan 30° + 5.4315 \times \tan(2°56' + 9°50')}\text{N} \\ &= 5159.156\text{N} \end{aligned}$$

3）移动压板夹紧力计算　　$W = W_0 \times \dfrac{L}{l} \times \dfrac{1}{\eta_0}$

式中　W——移动压板夹紧力（N）；

L——工件受力点至压板支承点距离（mm）；

l——工件受力点至螺栓距离（mm）。

取 $L = 30\text{mm}$，$l = 75\text{mm}$，$\eta_0 = 0.95$，因此

$$\begin{aligned} W &= 5159.156 \times 30/75 \times (1/0.95)\text{N} \\ &= 2172.3\text{N} \end{aligned}$$

因 $W_k < W$，所以夹具的夹紧力符合要求。

3. 定位误差的分析

（1）加工尺寸（6±0.1）mm 的定位误差　定位基准为 ϕ82mm 外圆右端面，工序基准为 16H7(mm)×8H7(mm)槽的中心，限位基准为支撑板。

定位基准与工序基准不重合：$\Delta_B=0.018\text{mm}$。

定位基准与限位基准重合：$\Delta_Y=0$。

安装误差：因夹具在机床上的安装不精确而造成的加工误差，$\Delta_A=X_{max}=(0.011+0.011)\text{mm}=0.022\text{mm}$。

对刀误差：因刀具相对于对刀或导向元件的位置不精确而造成的误差，取$\Delta_T=0.014\text{mm}$。

定位误差：

$$\sum\Delta=\sqrt{\Delta_B^2+\Delta_T^2+\Delta_A^2}=\sqrt{0.018^2+0.014^2+0.022^2}=0.032<0.2\text{mm}$$，故满足加工要求。

（2）槽两侧与$\phi25\text{H7}$（mm）孔中心线的垂直度的定位误差　定位基准为$\phi25\text{H7}$（mm）孔中心线，工序基准为16H7（mm）×8H7（mm）槽的中心，限位基准为定位心轴$\phi25\text{mm}$外圆轴线。

定位基准与工序基准重合：$\Delta_B=0$。

定位基准与限位基准不重合：

$$\tan\Delta_\partial=\frac{X_{max}/2}{40}=0.0005125。$$

槽深为8mm。

$$\Delta_Y=2\times8\tan\Delta_\partial=2\times8\times0.0005125\text{mm}=0.0082\text{mm}。$$

$\Delta_D=\Delta_Y=0.0082\text{mm}$，由于定位误差只有垂直度的1/3，故满足加工要求。

（3）槽深尺寸$8^{+0.2}_{0}\text{mm}$的定位误差能　定位基准为$\phi25\text{H7}$（mm）孔中心线，工序基准为90mm×32mm面，限位基准为心轴$\phi25\text{mm}$轴线。

定位基准与工序基准不重合：$\Delta_B=0.1\text{mm}$。

定位基准与限位基准不重合：

在F_j的作用下，定位基准相对限位基准作单向移动，方向与加工尺寸一致。

$$\Delta_Y=(\delta_D+\delta d_0)/2=(0.021+0.013)/2=0.017\text{mm}。$$

$\Delta_D=\Delta_B+\Delta_Y=(0.1+0.017)\text{mm}=0.117\text{mm}<(2/3)0.2\text{mm}=0.133\text{mm}$，故满足加工要求（一般情况下，$\Delta_B<(2/3)\delta_k$，$\delta_k$为工件公差）。

铣床专用夹具的装配图及夹具的部分重要零件零件图见示例2-图2～5。

四、参考文献

[1] 杨叔子．机械加工工艺师手册［M］.2版．北京：机械工业出版社，2011.

[2] 艾兴，肖诗纲．切削用量简明手册［M］．北京：机械工业出版社，1994.

[3] 徐鸿本．机床夹具设计手册［M］．沈阳：辽宁科学技术出版社，2004.

[4] 周开勤．机械零件手册［M］.5版．北京：高等教育出版社，2001.

[5] 李澄，吴天生，闻百桥．机械制图［M］.4版．北京：高等教育出版社，2003.

[6] 肖继德，陈宁平．机床夹具设计［M］．北京：机械工业出版社，2000.

[7] 田培棠，石晓辉，米林．夹具结构设计手册［M］．北京：国防工业出版社，2011.

五、心得体会

通过本次毕业设计，让我对与零件制造过程、加工工艺和夹具设计都有了更进一步的认识，巩固了我在机械制造工艺课程中学到的基本理论以及在生产实习中学到的知识，同时也了解到在具体设计过程中，必须考虑到方方面面的问题，只有一次次的修改才能够不断地吸取教训并且进步。

此外，本次的设计，还使我对各类的专业书籍有了进一步的了解，对资料的查询与合理的应用有了更深入的了解。本次进行毕业设计包含了工件的工艺路线分析、工艺过程的分析、工艺卡的制作、铣削夹具的分析与设计，使我在学院期间所学的课程获得了实际的应用，让我获益匪浅。在今后的学习中我会继续努力，争取做得更好！

六、附录

1. 机械加工工艺过程卡片（示例 2- 表 1）。
2. 机械加工工序卡片（示例 2- 表 2 ~4）。
3. 专用夹具装配图（示例 2- 图 2，见插页）。
4. 专用夹具部分重要零件零件图（示例 2- 图 3 ~5）。

示例 2-表 1

机械加工工艺过程卡片	产品型号		零件图号	BYSJ－03	总 2 页	第 1 页
	产品名称		零件名称	拨叉	共 2 页	第 1 页

材料牌号	HT200	毛坯种类	铸件	毛坯外形尺寸	82×80×342	每毛坯可制件数		每台件数		备注	

工序号	工序名称	工序内容	车间	工段	设备	工艺装备	工时 准终	工时 单件
	铸	铸造（两件合铸）	铸工					
	热处理	人工时效	热					
1	车	1. 以左端 ϕ42mm 外圆和 12d7mm 左端面定位，在右端 ϕ42mm 外圆夹紧，粗、精车 12d7（mm）右端面至图样要求，并保证 12d7（mm）左端面留有足够加工余量 2. 粗、精车 ϕ60H7（mm）孔至图样要求	金工		卧式车床	车刀、游标卡尺、内径百分表、车床专用夹具		
2	车	以 ϕ60H7（mm）孔和 12d7（mm）右端面定位，在肋板处夹紧，粗、精车 12d7（mm）左端面至图样要求	金工		卧式车床	车刀、千分尺、车床专用夹具		
3	钳	以 ϕ60H7（mm）孔、12d7（mm）右端面和 ϕ42mm 外圆定位，在 12d7（mm）左端面处夹紧，至图样要求钻、扩、铰 ϕ25H7（mm）孔	钳工		立式钻床	钻头、扩孔钻、铰刀、塞规钻床专用夹具		
4	铣	以 ϕ60H7（mm）、ϕ25H7（mm）孔和 12d7（mm）右端面定位，在 12d7（mm）左端面处夹紧，铣 ϕ82mm 外圆中间端面至图样要求（两件切开成单件）	金工		卧式铣床	铣刀、游标卡尺、铣床专用夹具		
5	铣	1. 以 ϕ25H7（mm）孔、12d7（mm）右端面和 ϕ60H7（mm）圆弧面定位，在 12d7（mm）左端面处夹紧，粗、精铣 90mm×32mm 面至图样要求 2. 粗、精铣 16H7mm×8H7（mm）通槽至图样要求	金工		立式铣床	铣刀、塞规、游标卡尺、铣床专用夹具		
6	铣	以 ϕ25H7（mm）孔、12d7（mm）右端面和 ϕ60H7（mm）圆弧面定位，在 12d7（mm）左端面处夹紧，粗、精铣 32mm×32mm 面至图样要求	金工		立式铣床	铣刀、游标卡尺、铣床专用夹具		

描图											设计（日期）	审核（日期）	标准化（日期）	会签（日期）	
描校															
底图号															
装订号	标记	处数	更改文件号	签字	日期	标记	处数	更改文件号	签字	日期					

（续）

机械加工工艺过程卡片	产品型号		零件图号	BYSJ－03	总2页	第2页
	产品名称		零件名称	拨叉	共2页	第2页

材料牌号	HT200	毛坯种类	铸件	毛坯外形尺寸	82×80×342	每毛坯可制件数		每台件数		备注	

工序号	工序名称	工序内容	车间	工段	设备	工艺装备	工时 准终	工时 单件
7	钳	1. 以 ϕ25H7（mm）孔、12d7（mm）右端面和 ϕ60H7（mm）圆弧面定位，在12d7（mm）左端面处夹紧，钻M22×1.5mm螺纹底孔 ϕ20.5mm。孔口倒角1mm×45° 2. 攻M22×1.5mm螺纹至图样要求	钳工		立式钻床	钻头、丝锥、游标卡尺、螺纹塞规、钻床专用夹具		
8	检验	1. 去毛刺，清洗 2. 检验 3. 上油，入库						

描图
描校
底图号
装订号

										设计（日期）	审核（日期）	标准化（日期）	会签（日期）	
标记	处数	更改文件号	签字	日期	标记	处数	更改文件号	签字	日期					

示例 2-表 2

工序号：1	机械加工工序卡片	产品型号		零件图号	BYSJ－03	总 3 页	第 1 页
		产品名称		零件名称	拨叉	共 3 页	第 1 页

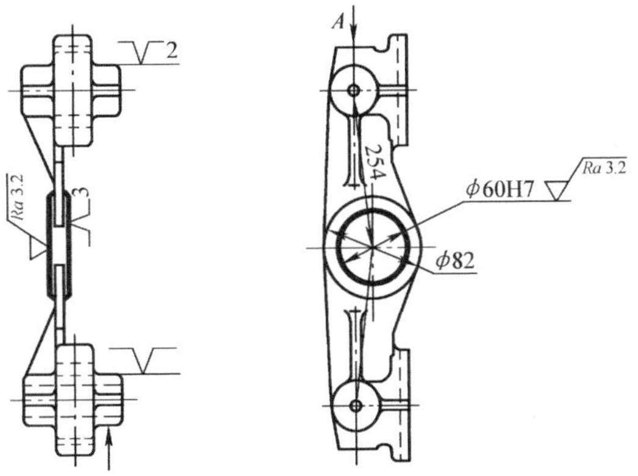

车间	工序号	工序名称	材料牌号
金工	10	车	HT200
毛坯种类	毛坯外形尺寸		每台件数
铸件	82×80×342		
设备名称	设备型号	设备编号	同时加工件数
卧式车床	CA6140		

夹具编号	夹具名称	切削液	
	通用夹具		
工位器具编号	工位器具名称	工序工时	
		准终	单件

工步号	工步内容	工艺设备	主轴转速/(r/min)	切削速度/(m/min)	进给量/(mm/r)	背吃刀量/mm	进给次数	工步工时 机动	工步工时 辅助
1	左端 ϕ42mm 外圆和 12d7mm 左端面定位，粗车 12d7（mm）右端面，留 1mm 精加工余量	45°车刀、专用夹具、游标卡尺	280	70	0.51	2	1		
2	精车 12d7（mm）右端面至图样要求，保证 12d7（mm）左端面留有足够加工余量		355	89.2	0.20	1	1		
3	粗车 ϕ60H7（mm）孔，留 1mm 精加工余量	90°内孔车刀、游标卡尺	400	74.5	0.51	1	1		
4	精车 ϕ60H7（mm）孔至图样要求		500	94.2	0.20	0.5	1		

描图	
描校	
底图号	
装订号	

										设计（日期）	审核（日期）	标准化（日期）	会签（日期）	
标记	处数	更改文件号	签字	日期	标记	处数	更改文件号	签字	日期					

示例 2- 表 3

工序号：5	机械加工工序卡片	产品型号		零件图号	BYSJ－03	总 3 页	第 2 页
		产品名称		零件名称	拨叉	共 3 页	第 2 页

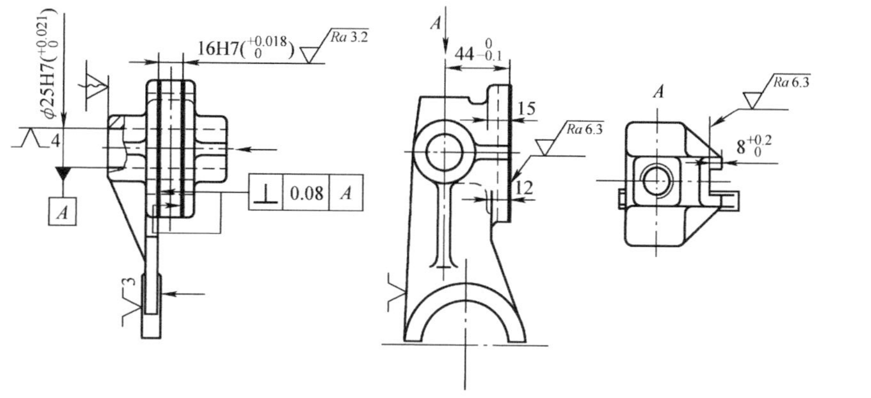

车间	工序号	工序名称	材料牌号
金工车间	50	铣	HT200
毛坯种类	毛坯外形尺寸		每台件数
铸件	80×82×173		
设备名称	设备型号	设备编号	同时加工件数
铣床	X5030		

夹具编号	夹具名称	切削液	
工位器具编号	工位器具名称	工序工时	
		准终	单件

工步号	工步内容	工艺设备	主轴转速/(r/min)	切削速度/(m/min)	进给量/(mm/r)	背吃刀量/mm	进给次数	工步工时 机动	工步工时 辅助
1	12d7（mm）左端面、ϕ25（mm）孔，加挡销定位，粗铣 32mm × 90mm 面，留 0.5mm 余量	专用夹具、面铣刀	300	75.4	2.4	2	1		
2	精铣 32mm×90mm 面，至图样要求	面铣刀	380	95.5	1	0.5	1		
3	粗铣 16H7（mm）×8H7（mm）通槽，留有 0.5mm 余量，保证尺寸 $8^{+0.2}_{0}$mm	ϕ14mm 立铣刀	590	25.9	0.24	1	2		
4	精铣 16H7（mm）×8H7（mm）通槽，至图样要求	ϕ14mm 立铣刀	725	31.9	0.18	0.5	1		

描图	描校	底图号	装订号

标记	处数	更改文件号	签字	日期	标记	处数	更改文件号	签字	日期	设计（日期）	审核（日期）	标准化（日期）	会签（日期）

示例 2-表 4

工序号：7	机械加工工序卡片	产品型号		零件图号	BYSJ－03	总 3 页	第 3 页
		产品名称		零件名称	拨叉	共 3 页	第 3 页

车间	工序号	工序名称	材料牌号
金工车间	70	钳	HT200
毛坯种类	毛坯外形尺寸		每台件数
铸件	80×82×173		
设备名称	设备型号	设备编号	同时加工件数
立式钻床	ZA5140		
夹具编号	夹具名称		切削液
工位器具编号	工位器具名称	工序工时 准终	工序工时 单件

工步号	工步内容	工艺设备	主轴转速/(r/min)	切削速度/(m/min)	进给量/(mm/r)	背吃刀量/mm	进给次数	工步工时 机动	工步工时 辅助
1	以 12d7（mm）左端面、ϕ25（mm）孔，加挡销定位，钻 M22 螺纹底孔 ϕ22.5mm，保证尺寸 15mm 及 18mm	专用夹具、ϕ20.5 钻头	350	22.5	0.48	10.25	1		
2	攻 M22×1.5 螺纹	M22×1.5 丝锥							

描图	描校	底图号	装订号

标记	处数	更改文件号	签字	日期	标记	处数	更改文件号	签字	日期	设计（日期）	审核（日期）	标准化（日期）	会签（日期）

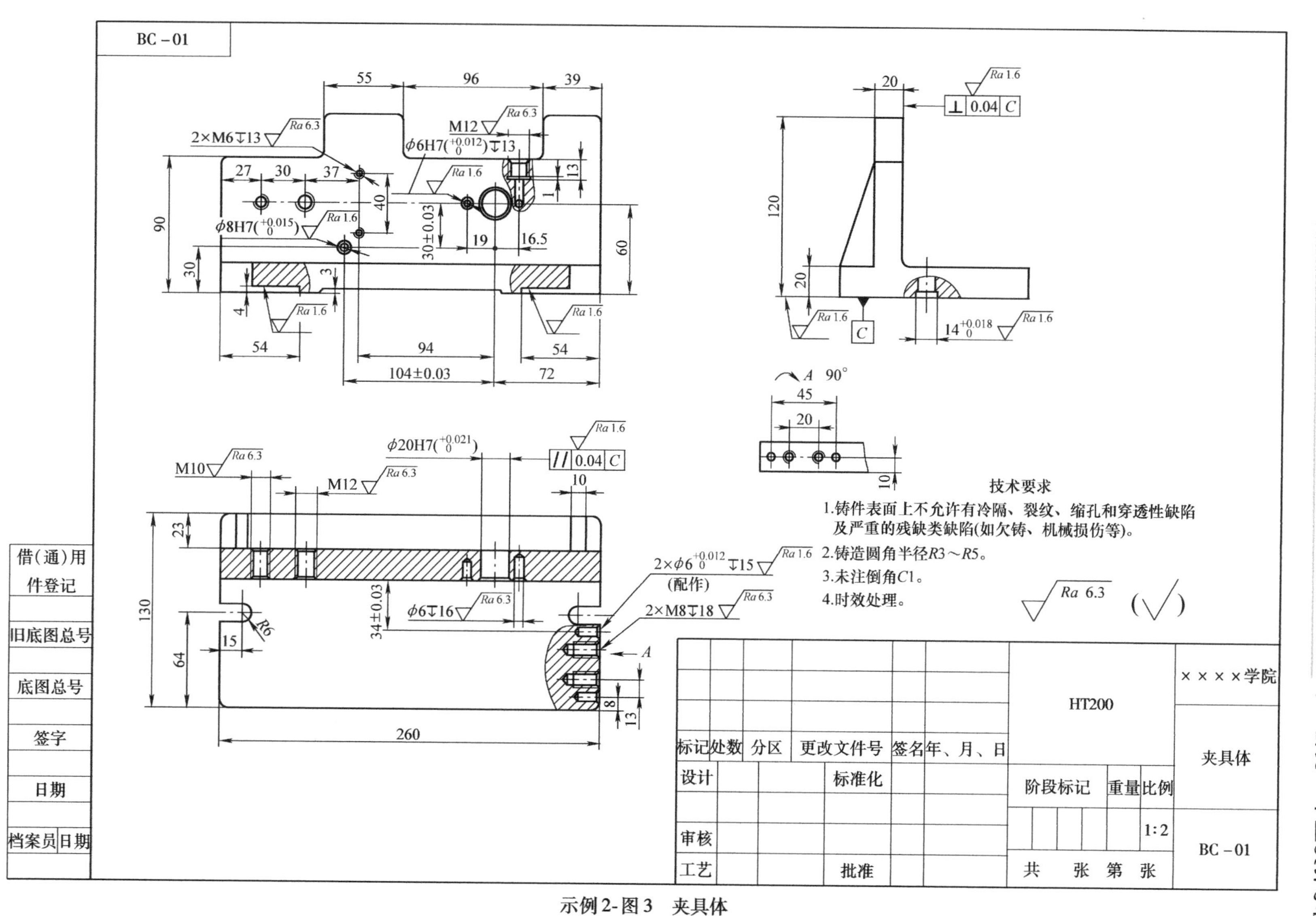
技术要求
1.铸件表面上不允许有冷隔、裂纹、缩孔和穿透性缺陷及严重的残缺类缺陷(如欠铸、机械损伤等)。
2.铸造圆角半径R3～R5。
3.未注倒角C1。
4.时效处理。
××××学院
夹具体
BC－01
HT200
标记
处数
分区
更改文件号
签名
年、月、日
设计
标准化
审核
工艺
批准
阶段标记
重量
比例
1:2
共　张　第　张
借(通)用件登记
旧底图总号
底图总号
签字
日期
档案员
日期
BC－01

示例2-图3　夹具体

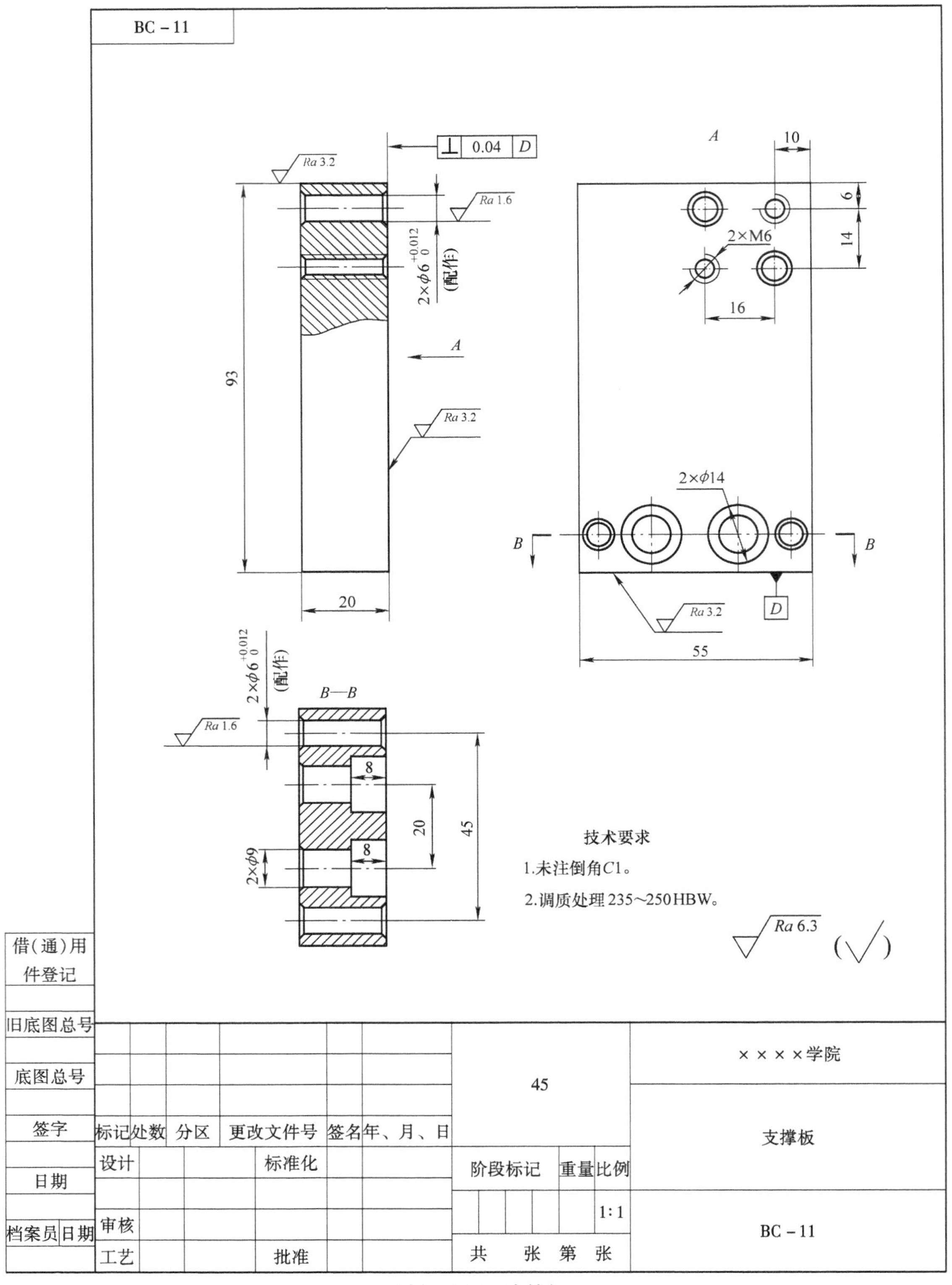
BC－11
0.04 D
Ra 3.2
Ra 1.6
2×ϕ6 +0.012 0 (配作)
93
A
Ra 3.2
20
A
10
6
14
2×M6
16
2×ϕ14
B
B
Ra 3.2
D
55
B—B
Ra 1.6
8
20
45
8
2×ϕ9
技术要求
1.未注倒角C1。
2.调质处理235～250HBW。
Ra 6.3
借(通)用件登记
旧底图总号
底图总号
签字
日期
档案员日期
标记 处数 分区 更改文件号 签名 年、月、日
设计
标准化
审核
工艺
批准
45
阶段标记 重量 比例
1:1
共 张 第 张
××××学院
支撑板
BC－11

示例2-图4　支撑板

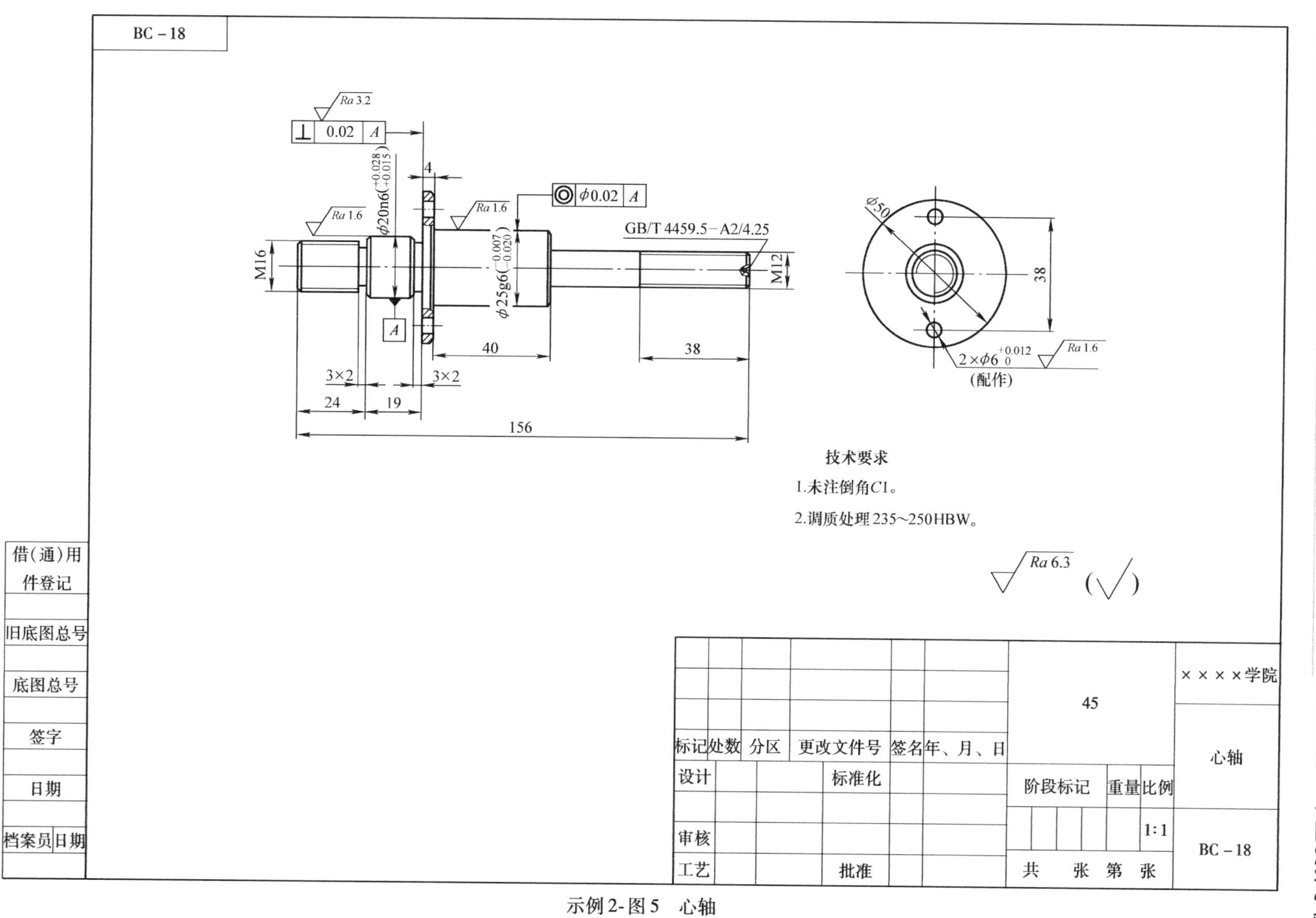

BC−18
Ra 3.2
0.02 A
4
φ0.02 A
φ20n6(+0.028 +0.015)
Ra 1.6
GB/T 4459.5−A2/4.25
M16
φ25g6(−0.007 −0.020)
M12
A
40
38
3×2
24
19
156
φ50
2×φ6 (+0.012 0)
(配作)
技术要求
1.未注倒角C1。
2.调质处理235~250HBW。
Ra 6.3
借(通)用件登记
旧底图总号
底图总号
签字
日期
档案员
45
××××学院
心轴
标记
处数
分区
更改文件号
签名
年、月、日
设计
标准化
阶段标记
重量
比例
1:1
审核
工艺
批准
共　张　第　张

示例2-图5　心轴

指导教师评语：

成绩＿＿＿＿＿＿

签名＿＿＿＿＿＿

年　　月　　日

答辩小组评语：

成绩＿＿＿＿＿＿

签名＿＿＿＿＿＿

年　　月　　日

毕业设计答辩记录表

________年________月________日

班级		姓名		答辩时间	
课题名称					

答辩小组成员	姓名	单位	职称	备注

序号	提问主要问题	回答情况				提问人
		好	较好	基本正确	错误	
1						
2						
3						
4						
5						
6						
7						
8						
9						
10						
11						
12						
13						
14						
15						

毕业设计（论文）成绩评定表		成绩	指导教师	答辩小组
设计能力	能正确地独立思考与工作，理解力强，有创造性	优		
	能理解所学的内容，有一定的独立工作能力	良		
	理解力、设计能力虽一般，但尚能独立工作	中		
	理解力、设计能力一般，独立工作能力不够	及		
	理解力、设计能力差，依赖性大，不加消化地照抄照搬	不		
设计内容	能全面考虑问题，设计方案合理，在某些方面解决得较好，有创见	优		
	能较全面考虑问题，设计方案中无错误	良		
	考虑问题还算全面，设计方案中有个别错误	中		
	考虑问题稍欠全面，设计方案中有些错误	及		
	考试问题片面，设计方案中有原则性和重大的错误	不		
表达能力	设计内容表现很好，制图细致清晰，说明书简明扼要	优		
	设计内容表现较好，制图清晰，说明书能表达设计意图	良		
	设计内容表现还好，制图还清晰，说明书尚能表达设计意图	中		
	设计内容表现一般，制图一般，说明书尚能表达设计意图	及		
	设计内容表现较差，制图粗糙，不清晰不整洁，说明书不能表达设计内容	不		
设计态度	学习与设计态度认真踏实，肯钻研，虚心	优		
	学习与设计态度认真、主动	良		
	学习与设计态度尚认真	中		
	学习与设计要求不严	及		
	学习与设计态度马虎	不		
答辩成绩	介绍方案简明扼要，能正确回答所提出的问题	优		
	介绍方案能表达设计内容，能正确回答所提出的问题	良		
	介绍方案能表达设计内容，基本上能正确回答所提出的问题	中		
	介绍方案尚能表达设计内容，能正确回答所提出的问题	及		
	介绍方案不能表达设计内容，不能正确回答所提出的问题	不		
题目难度系数（0.7～1.2）				
指导教师建议成绩________（签名）		____年____月____日		
答辩小组建议成绩________（签名）		____年____月____日		
答辩委员会评定成绩________（签名）		____年____月____日		

注：1. 各栏成绩可按优、良、中、及、不等打分。

2. 难度系数标准为1，偏难或偏易酌情打分。

示例3　弯臂的机械加工工艺编制及钻床专用夹具设计

××××学院

毕业设计说明书

课　　题　弯臂的机械加工工艺编制及钻床专用夹具设计

学生姓名　______________________

专业班级　______________________

学　　号　______________________

系　　部　______________________

指导教师　______________________

设计日期　______________________

毕业设计任务书

一、班级：　　　　姓名：

课题：弯臂的机械加工工艺编制及钻床专用夹具设计

二、设计任务：

1. 绘制弯臂零件图（示例3-图1）　　1张。
2. 编写弯臂的机械加工工艺过程卡片　　1份。
3. 编写弯臂的工序卡片（主要工序）　　部分（不少于3张）。
4. 设计加工弯臂 $\phi20^{+0.021}_{0}$mm 孔的钻床专用夹具　　1套。
5. 绘制专用夹具装配图　　1张（A1或A2）。
6. 绘制专用夹具零件图（主要零件）　　部分（A3或A4）。
7. 编写毕业设计说明书　　1份。

三、设计要求：

1. 按批量5000件/年编写工艺文件，设计夹具。工艺文件的编写应完整正确。
2. 夹具设计应结构简单、定位准确、夹紧可靠、使用方便。
3. 认真编写毕业设计说明书，字迹工整，能正确表达设计意图。
4. 所有图样清晰完整，并符合国家标准。

四、毕业设计期限：自　年　月　日至　年　月　日

五、指导教师：　　　　　　组长审核：

备注	1. 一律用钢笔书写。 2. 若填写内容较多，可增加同样大小的附页。

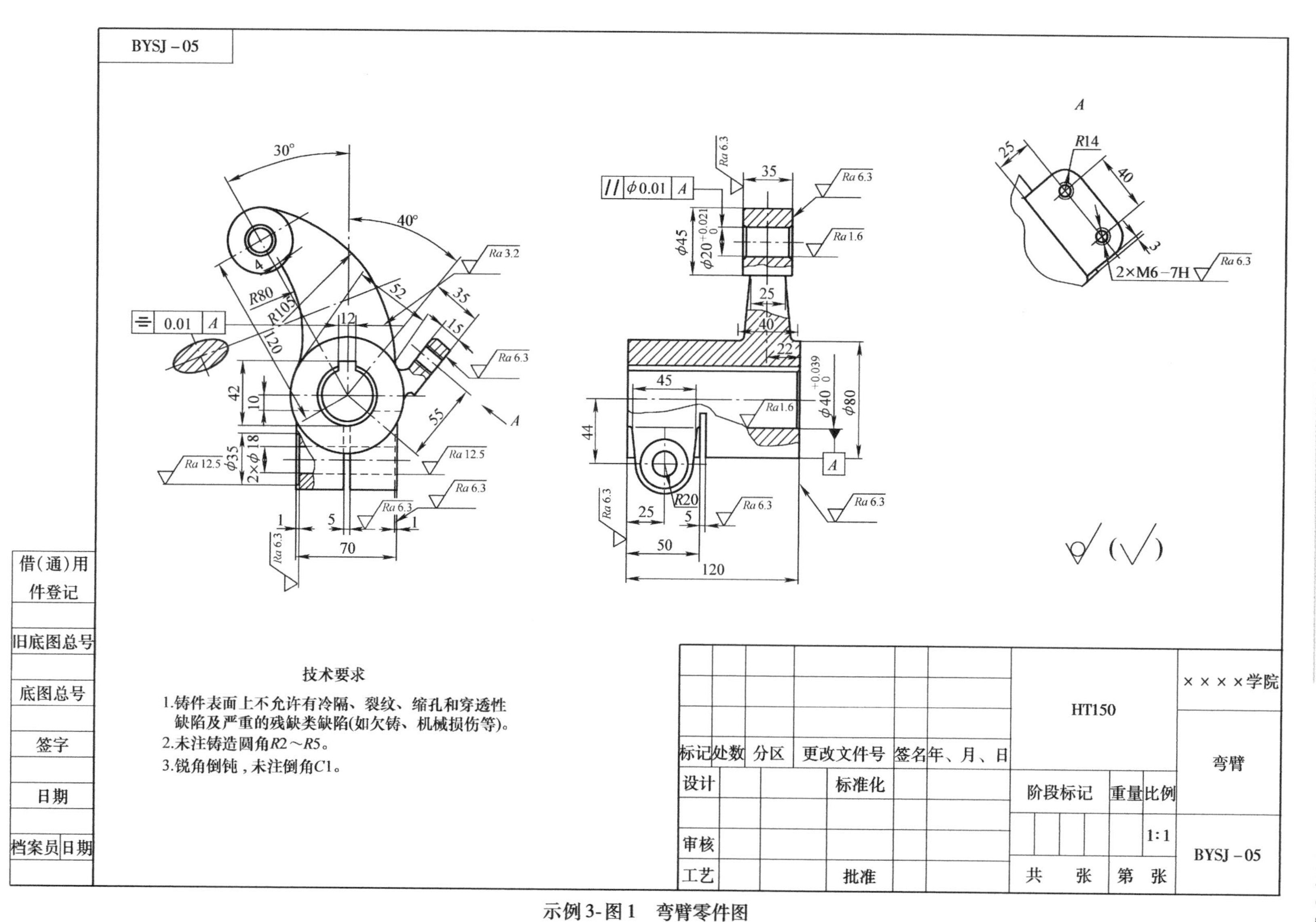

BYSJ－05
A
R14
2×M6－7H
技术要求
1.铸件表面上不允许有冷隔、裂纹、缩孔和穿透性缺陷及严重的残缺类缺陷(如欠铸、机械损伤等)。
2.未注铸造圆角R2～R5。
3.锐角倒钝，未注倒角C1。
××××学院
HT150
弯臂
BYSJ－05
标记　处数　分区　更改文件号　签名　年、月、日
设计　标准化　阶段标记　重量　比例
1:1
审核
工艺　批准　共　张　第　张
借（通）用件登记
旧底图总号
底图总号
签字
日期
档案员　日期

示例3-图1　弯臂零件图

示例 3 目录

序　言

毕业设计是我们学完了数控专业的全部基础课、技术基础课以及专业课之后进行的。这是在毕业之前对所学各课程的一次深入的综合性的总复习，也是一次理论联系实际的训练。因此，它在我们这几年的学习生活中占有重要的地位。

就我个人而言，我希望能通过这次毕业设计对自己未来将从事的工作进行一次适应性训练，从中锻炼自己分析问题、解决问题的能力，为今后参加祖国的建设打下一个良好的基础。

一、零件的分析

（一）零件的作用

课题所给定的零件为弯臂（示例3-图1）。该零件在汽车或其他机械的转向机构使用较多，它的主要作用是用来支撑、固定其他零部件做转向之用。通过对零件图的重新绘制，知道图样应正确、完整，尺寸、公差及技术要求齐全，零件的配合是符合要求的。零件上有两个孔的尺寸精度及几何公差要求比较高，分别为$\phi 40^{+0.039}_{0}$mm和$\phi 20^{+0.021}_{0}$mm的孔。另外ϕ18mm的两个孔仅起锁紧作用，精度要求不高。

（二）零件的工艺分析

弯臂零件共有4组加工表面，它们相互间有一定的位置要求。现分述如下。

1. 以$\phi 40^{+0.039}_{0}$mm孔为中心的加工表面

这一组加工表面包含ϕ80mm外圆柱的左右两端面，$\phi 40^{+0.039}_{0}$mm的孔及单边倒角，宽12mm的键槽。其中，主要加工表面是$\phi 40^{+0.039}_{0}$mm的孔和键槽。

2. 以$\phi 20^{+0.021}_{0}$mm孔为中心的加工表面

包含ϕ45mm外圆柱的左右两端面，$\phi 20^{+0.021}_{0}$mm的孔及双边倒角。其中，主要加工表面是$\phi 20^{+0.021}_{0}$mm的孔，精度要求高且与$\phi 40^{+0.039}_{0}$mm孔的中心线有平行度要求。

3. 以ϕ18mm孔为中心的加工表面

包含两个ϕ18mm锁紧孔及双边沉头孔，锁紧孔的两外端面，两个宽为5mm的槽。此组加工表面精度要求不高。

4. 以右边小耳朵螺纹孔为中心的加工表面

包含小耳朵下端面和2×M12－7H的螺纹通孔。此组加工表面精度要求不高。

二、工艺规程设计

（一）确定毛坯的制造形式及毛坯尺寸

1. 确定毛坯的制造形式

零件的材料为 HT150。考虑到零件在工作中处于润滑状态，采用润滑效果较好的铸铁。由于是中批量件（5000 件/年），零件的轮廓尺寸不大，铸造表面质量要求高，且此零件用砂型铸造时起模会有困难，故可采用铸造质量稳定的精密铸造。又由于零件不对称，故采取金属型铸造的方式，便于铸造和加工，而且还可以提高生产率，降低成本。

2. 确定毛坯尺寸

根据以上分析，该零件的毛坯图如示例 3-图 2 所示。在毛坯中铸出 $\phi 40^{+0.039}_{0}$mm的底孔，而 $\phi 20^{+0.021}_{0}$ mm 和 ϕ18mm 的孔在后续切削中再加工出来。

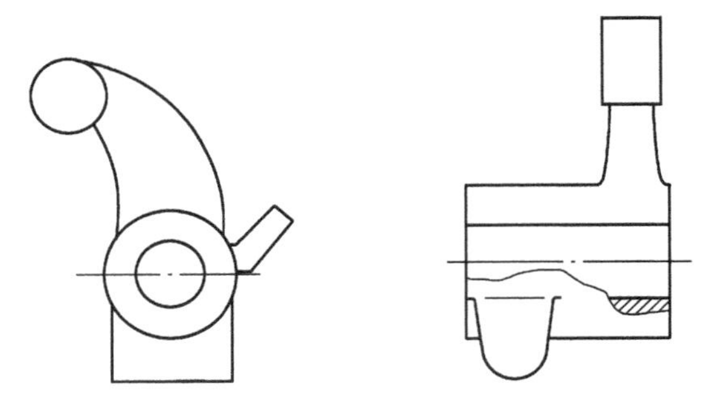

示例 3-图 2　弯臂毛坯图

查《机械加工工艺设计员手册》[1]得加工表面的总加工余量（2Z）。主要毛坯尺寸及公差见示例 3-表 1。

示例 3-表 1　主要毛坯尺寸及公差

主要毛坯尺寸	尺寸/mm	双边余量 2Z/mm	毛坯尺寸/mm	公差等级（IT）
ϕ80mm 外圆柱两端面之间距离	120	2	122	11
ϕ45mm 外圆柱两端面之间距离	35	2	37	11
两 ϕ18mm 孔两端面之间距离	70	2	72	11
小耳朵上下表面之间的距离	15	2	17	11

（二）选择基准

定位基准是加工中用来使工件在机床或夹具上定位所依据的工件上的点、线、面。基准的选择是工艺规程设计中的重要工作之一。基准选择得正确、合理，可以保证加工质量，提高生产率。否则就会使加工工艺过程问题百出，严重的还会造成零件大批报废，使生产无法进行。按工件用作定位的表面状况把定位基准分为粗基准、精基准以及辅助基准。

1. 粗基准的选择

粗基准的选择对工件主要有两个方面的影响：一是影响工件上加工表面与不加工表面之间的相互位置，二是影响加工余量的分配。粗基准的选择原则有如下几点：

1）对于不需加工全部表面的零件，应采用始终不加工的表面作为粗基准；零件有若干不加工表面时，则应以与加工表面要求相对位置精度较高的不加工表面作为粗基准。

2）选取加工余量要求均匀的表面作为粗基准。

3）对于所有表面都需要加工的零件，应选择加工余量最小的表面作为粗基准，这样可以避免因加工余量不足而造成废品。

4）选择毛坯制造中尺寸和位置可靠、稳定、平整、光洁，面积足够大的表面作为粗基准，这样可以减小定位误差和使工件装夹可靠稳定。

5）原则上粗基准只能使用1次，不允许重复使用。

对于一般的轴类零件而言，以外圆作为粗基准是合理的。对于本零件而言，选择本零件的 ϕ80mm 外圆柱表面（始终不加工表面）作为加工的粗基准，这样可以保证各加工表面均有加工余量，保证重要孔的加工余量尽量均匀。加工前可用V形块对 ϕ80mm 外圆面进行定位，以消除沿 z 轴、y 轴的4个位置及角度自由度，并用压板在另一侧夹紧，就可加工 $\phi 40^{+0.039}_{0}$mm 的孔及两端面。

2. 精基准的选择

选择精基准主要从保证工件的位置精度和装夹方便两方面考虑。精基准的选择原则有：基准重合原则、基准统一原则、自为基准原则、互为基准原则和基准不重合误差最小条件。根据以上原则，该零件采用 $\phi 40^{+0.039}_{0}$mm 的精加工孔和一已加工端面作为精基准，这样能使加工遵循基准重合和基准统一原则。

（三）制定工艺路线

制定工艺路线的出发点，应当是使零件的几何形状、尺寸精度及位置精度等技术要求能得到合理的保证。在生产纲领已确定为中批量生产（5000件/年）的条件下，可采用通用机床配以专用夹具，并尽量使工序集中来提高生产率。除此之外，还应考虑经济效益，以降低生产成本。

本零件的加工表面有：直径为 ϕ80mm 的左右端面、直径为 ϕ45mm 的左右端面、直径为 $\phi 40^{+0.039}_{0}$mm 孔的左右端面、零件右侧小耳朵的下平面、$\phi 40^{+0.039}_{0}$mm 孔及键槽、$\phi 20^{+0.021}_{0}$mm 的孔、2×ϕ18mm 的孔及沉头孔、2×M12－7H 的螺纹孔、两个宽度为5mm 的槽。

考虑到零件材料为HT150，各加工表面的加工方法可选择如下：

1）粗车 ϕ80mm 的左右端面。长度达到120mm，表面粗糙度值为 Ra6.3μm，采用粗车的加工方法即可达到要求。

2）粗、精车 $\phi 40^{+0.039}_{0}$mm 孔，尺寸公差为H8，表面粗糙度值为 Ra1.6μm，需采用粗、精车的加工方法，并要求单边倒角1mm×45°。

3）粗铣 ϕ45mm 的左右端面。尺寸公差为未注公差m级，表面粗糙度值为 Ra6.3μm，采用两把三面刃铣刀粗铣的加工方法，生产率较高。

4）钻、铰 $\phi 20^{+0.021}_{0}$mm 的通孔，尺寸公差为H7，表面粗糙度值为 Ra1.6μm，采用钻、铰的加工方法，并双面倒角1mm×45°。

5）粗铣锁紧孔的左右端面，表面粗糙度值为 Ra6.3μm。

6）钻铰2×ϕ18mm 的孔，锪2×ϕ35mm 深1mm 的孔，表面粗糙度值为 Ra6.3μm，采用钻、铰、锪的加工方法。

7）用锯片铣刀粗铣两个宽度为5mm 的槽，表面粗糙度值为 Ra12.5μm，采用粗铣的加工方法。

8）粗铣右边小耳朵下平面，保证尺寸15mm。表面粗糙度值为 Ra6.3μm，采用粗铣的加工方法。

9）钻 2×M12－7H 的螺纹底孔，攻 2×M12－7H 的螺纹，表面粗糙度值为 $Ra6.3\mu m$，采用钳工攻螺纹的加工方法。

10）插键槽 12mm×120mm，表面粗糙度值为 $Ra6.3\mu m$，有对称度要求。此工序不用拉削，因拉床上不好放置专用夹具，故改用插削键槽。

根据以上分析，可将零件机械加工工艺安排如下。

1. 工序 1

1）用 V 形块对 ϕ80mm 外圆面进行定位，并用压板在另一侧夹紧，粗车 ϕ80mm 圆柱的左端面至尺寸要求，保证表面粗糙度值为 $Ra6.3\mu m$。

2）粗车 ϕ80mm 圆柱的右端面，保证表面粗糙度值为 $Ra6.3\mu m$。

3）粗、精车内孔 $\phi 40^{+0.039}_{0}$mm 至尺寸要求，保证表面粗糙度值为 $Ra1.6\mu m$。

4）倒角 1mm×45°。

2. 工序 2

以零件右端面、孔 $\phi 40^{+0.039}_{0}$mm 加心轴为定位夹紧、R105mm 圆弧处加挡销防转，用两把三面刃铣刀粗铣 ϕ45mm 圆柱的两端面至尺寸要求，保证表面粗糙度值为 $Ra6.3\mu m$。

3. 工序 3

1）以零件右端面、$\phi 40^{+0.039}_{0}$mm 孔加心轴为定位基准夹紧、R105mm 圆弧处加挡销防转，钻孔至 ϕ19.6mm。

2）铰 $\phi 20^{+0.021}_{0}$mm 孔至尺寸要求，表面粗糙度值为 $Ra1.6\mu m$。

3）双面倒角 1mm×45°。

4. 工序 4

以零件右端面、$\phi 40^{+0.039}_{0}$mm 孔加心轴、$\phi 20^{+0.021}_{0}$mm 孔加菱形销为定位基准夹紧（一面两销定位），用两把三面刃铣刀粗铣锁紧孔的左右两端面至尺寸要求，保证表面粗糙度值为 $Ra6.3\mu m$。

5. 工序 5

1）以零件右端面、$\phi 40^{+0.039}_{0}$mm 孔加心轴、$\phi 20^{+0.021}_{0}$mm 孔加菱形销为定位基准夹紧（一面两销定位），钻孔 2×ϕ18mm 至尺寸 ϕ17.6mm。

2）铰孔至 ϕ18mm，保证表面粗糙度值为 $Ra6.3\mu m$。

3）锪 2×ϕ35mm 的双边沉孔至尺寸要求，保证表面粗糙度值为 $Ra6.3\mu m$。

6. 工序 6

以零件右端面、$\phi 40^{+0.039}_{0}$mm 孔加心轴、$\phi 20^{+0.021}_{0}$mm 孔加菱形销为定位基准夹紧（一面两销定位），用锯片铣刀粗铣两个宽为 5mm 的槽。

7. 工序 7

以零件右端面、$\phi 40^{+0.039}_{0}$mm 孔加心轴、$\phi 20^{+0.021}_{0}$mm 孔加菱形销为定位基准夹紧（一面两销定位），粗铣右边小耳朵的下端面至尺寸要求，保证表面粗糙度为 $Ra6.3\mu m$。

8. 工序 8

1）以零件右端面、$\phi 40^{+0.039}_{0}$mm 孔加心轴、$\phi 20^{+0.021}_{0}$mm 孔加菱形销为定位基准夹紧（一面两销定位），钻 2×M12－7H 的螺纹底孔至 ϕ10.3mm。

2）攻 2×M12－7H 的螺纹至尺寸要求，保证表面粗糙度为 $Ra6.3\mu m$。

9. 工序 9

插键槽 12mm × 120mm 至尺寸要求，表面粗糙度为 $Ra3.2\mu m$，保证对称度公差 0.01mm。

10. 工序 10

检验，上油，入库。

（四）确定机械加工余量

弯臂零件材料为 HT150，硬度为 150～225HBW，毛坯重量约为 7kg，生产类型为中批生产，采用精密铸造毛坯，时效处理。

根据上述的原始资料及加工工艺，查《机械加工工艺设计员手册》[1]，分别确定各加工表面的机械加工余量、工序尺寸如下。

1. 工序 1：加工 ϕ80mm 和 ϕ40mm 孔

1）车 ϕ80mm 外圆的两端面。长度方向的双边加工余量规定值为 2.0～2.5mm，现选取双边余量 $2Z=2.0$mm。

2）车 $\phi 40^{+0.039}_{0}$mm 内孔。毛坯冲孔 ϕ38mm，孔的精度为 IT8。确定工序尺寸及双边余量为：

粗车孔至 ϕ39.8mm，$2Z=1.8$mm。

精车孔至 ϕ40mm，$2Z=0.2$mm。

2. 工序 2：粗铣 ϕ45mm 圆柱的两端面

长度方向的双边余量规定值为 1.5～2.0mm，现选取为 $2Z=2.0$mm。

3. 工序 3：钻、铰通孔 $\phi 20^{+0.021}_{0}$mm

毛坯为实心，不冲孔。孔精度 IT7。确定工序尺寸及双边余量为：钻孔至 ϕ19.6mm，$2Z=19.6$mm。

铰孔至 $\phi 20^{+0.021}_{0}$mm，$2Z=0.4$mm。

4. 工序 4：铣锁紧孔 ϕ40mm 外圆的两端面

长度方向的双边余量规定值为 1.5～2.0mm，现选取 $2Z=2.0$mm。

5. 工序 5：钻内孔 ϕ18mm（自由公差），锪沉头孔 ϕ35mm

毛坯为实心，不冲孔。两孔精度在 IT9～IT10，确定工序尺寸及双边余量为：

钻孔至 ϕ18mm，$2Z=18$mm。

锪孔至 ϕ35mm，$2Z=17$mm。

6. 工序 6：用锯片铣刀粗铣两个宽为 5mm 的槽

毛坯为实心，无槽。用厚 5mm 的锯片铣刀分别粗铣两个宽为 5mm 的槽，$Z=5$mm。

7. 工序 7：铣零件右边小耳朵的下端面（自由公差）

此方向的加工双边余量规定值为 2.0～2.5mm，现选取 $Z=2.0$mm

8. 工序 8：加工 2×M12－7H 螺纹孔

1）钻 2×M12－7H 的螺纹底孔至 ϕ10.3mm，$2Z=\phi10.3$mm。

2）攻 2×M12－7H 的螺纹至尺寸要求，$2Z=1.7$mm。

9. 工序9：插键槽12mm×120mm至尺寸要求，$Z=12$mm。

由于毛坯及以后各道工序（或工步）的加工都有加工误差，因此，所规定的加工余量其实只是名义上的加工余量，实际上加工余量有最大及最小之分。

（五）确定切削用量

1. 工序1：粗车ϕ80mm外圆的左右端面，粗、精车孔$\phi 40^{+0.039}_{0}$mm，单面倒角。本工序采用计算法确定切削用量。

（1）加工条件

工件材料：HT150，精密铸造，时效处理。

加工要求：粗车ϕ80mm的左右端面，保证表面粗糙度值为$Ra6.3\mu m$；粗、精车孔ϕ40mm至尺寸要求，表面粗糙度值为$Ra1.6\mu m$，倒角1mm×45°。

机床：CA6140卧式车床。

刀具1：刀片材料为YG6，刀杆尺寸为16mm×25mm，$\kappa_r=90°$，$\gamma_o=15°$，$\alpha_o=8°$。

刀具2：92°内孔车刀，刀片材料为YG6。

（2）计算切削用量

1）粗车ϕ80mm的左右端面。

确定背吃刀量a_p：已知毛坯长度方向的双边加工余量为2mm，单面背吃刀量$a_p=1$mm；

确定进给量f：根据《切削用量简明手册》[2]表1.4，当刀杆为16mm×25mm，$a_p\leqslant$ 3mm，以及工件直径为ϕ80mm时，$f=0.8\sim1.0$mm/r。按CA6140车床的说明书取$f=$ 0.86mm/r。

计算切削速度v_c：根据《金属切削手册》[3]表4-89，灰铸铁硬度150～225HBW，$v_c=$ 40～80m/min，选$v_c=40$m/min。

计算主轴转速n：$n=1000v_c/\pi d=159$r/min，根据CA6140主轴转速表，选$n=$ 160r/min。

则实际切削速度为$v_c=40.2$m/min。

2）车$\phi 40^{+0.039}_{0}$mm孔。

确定背吃刀量a_p：粗车时单边余量$Z=0.9$mm，精车时单边余量$Z=0.1$mm可一次切除。

确定进给量f：根据《切削用量简明手册》[2]表1.4，选用$f=0.5$mm/r。

计算切削速度v_c：根据《金属切削手册》[3]表4-89，灰铸铁硬度150～225HBW，$v_c=$ 40～80m/min，粗车时选$v_{c粗}=50$m/min，精车时选$v_{c精}=70$m/min。

计算主轴转速n：

粗车时$n=1000v_c/\pi d\approx400.72$r/min，根据CA6140主轴转速表，选$n=400$r/min。则实际切削速度为$v_c=50.24$m/min。

精车时$n=1000v_c/\pi d\approx566.1$r/min，根据CA6140主轴转速表，选$n=560$r/min。则实际切削速度为$v_c=70.33$m/min。

2. 工序2：粗铣ϕ45mm的两端面至尺寸要求，表面粗糙度值为$Ra6.3\mu m$。

（1）加工条件

工件材料：HT150，精密铸造，时效处理。

加工要求：粗铣 ϕ45mm 的两端面至尺寸要求，表面粗糙度值为 $Ra6.3\mu m$。

机床：X6132A 卧式铣床。

刀具：2 把 ϕ125mm 硬质合金错齿三面刃铣刀，刀片采用 YG8（参考《金属切削手册》[3]表 7-23）。

（2）计算切削用量

确定每齿进给量 f_z：根据《切削用量简明手册》[2]，加工材料为铸铁，机床功率是 5～10kW，选用 $f_z = 0.20 \sim 0.29mm/z$，取 $f_z = 0.25mm/z$。

确定背吃刀量 a_p：$a_p = 1mm$，进给 1 次。

确定切削速度 v_c：参考《金属切削手册》[3]表 7-45，加工材料为铸铁，硬度为 150～225HBW，确定 $v_c = 60 \sim 110m/min$，现取 $v_c = 60m/min$。

计算主轴转速 n：$n = 1000V/\pi d = 100 \times 60/\pi \times 80 \approx 239r/min$，现选用 X6132A 万能升降台铣床，根据机床的使用说明书，取 $n = 235r/min$。

故实际切削速度为 $v_c = \pi dn/1000 = \pi \times 80 \times 235/1000m/min \approx 59m/min$。

确定进给量：当 $n = 235r/min$ 时，工作台的每分钟进给量为 $f_m = f_z zn = 0.25 \times 12 \times 235mm/min = 705mm/min$，其中 z 为铣刀齿数。

3. 工序 3：钻、铰孔 $\phi 20^{+0.021}_{0}$mm 至尺寸要求，表面粗糙度值为 $Ra1.6\mu m$，倒角 1mm×45°

选用机床为立式钻床 Z525，切削用量计算如下：

（1）钻孔 ϕ19.6mm

刀具：选取高速钢麻花钻 ϕ19.6mm。

确定进给量 f：按《切削用量简明手册》[2]表 2.7，$f = 0.81mm/r$。

确定背吃刀量 a_p：$a_p = 9.8mm$。

确定切削速度 v_c：灰铸铁硬度 150～200HBW，按《切削用量简明手册》[2]表 2.13，$v_c = 17.75m/min$。

计算主轴转速 n：$n = 1000 \times 17.75/\pi \times 20r/min = 282r/min$，按机床使用说明书，选取 $n = 272r/min$。则实际切削速度为 $v_c = 17m/min$。

（2）铰孔 ϕ20mm

刀具：选取机用直柄铰刀 ϕ20mm。

背吃刀量 a_p：$a_p = 0.2mm$。

确定进给量 f：按《切削用量简明手册》[2]表 2.7，$f = 0.48mm/r$。

确定切削速度 v_c：按《切削用量简明手册》[2]表 2.13，$v_c = 17.3m/min$。

计算主轴转速 n：$n = 1000 \times 17.3/\pi \times 20 \approx 275r/min$，按机床使用说明书，选取 $n = 272r/min$。则实际切削速度为 $v_c = 17m/min$。

最后，将以上各工序的切削用量，连同其他数据，一并填入机械加工工艺过程卡片和机械加工工序卡片中，见示例 3-表 2～5。

三、专用夹具设计

为了提高劳动生产率，保证加工质量，降低劳动强度，通常需要设计专用夹具。根据课题要求，设计第6道工序——钻、铰 $\phi 20^{+0.021}_{0}$mm 通孔的钻床夹具。本夹具将用于 Z525 立式钻床，刀具为 ϕ19.6mm 的麻花钻和 ϕ20mm 机用直柄铰刀。对工件的加工孔先钻再铰，既提高了劳动生产率，又保证加工质量。

（一）问题的提出

本夹具用来钻、铰 $\phi 20^{+0.021}_{0}$mm 通孔。这个孔与 $\phi 40^{+0.039}_{0}$mm 孔有较高的平行度要求，对后面工序也有一定的技术要求。因此，在本道工序加工时，主要是如何通过专用夹具来保证加工精度，提高劳动生产率和降低劳动强度。

（二）夹具设计

1. 定位基准的选择

由零件图（示例3-图1）可知，$\phi 20^{+0.021}_{0}$mm 通孔对 $\phi 40^{+0.039}_{0}$mm 孔的中心线有平行度要求，因此，设计基准为 $\phi 40^{+0.039}_{0}$mm 孔的中心线。为了使定位误差为零，应该选择以 $\phi 40^{+0.039}_{0}$mm精加工孔和右端面定位的专用夹具。

2. 切削力及夹紧力的计算

（1）计算切削力　切削刀具：ϕ19.6mm 麻花钻及 ϕ20mm 的机用直柄铰刀。

根据《机械制造手册》[4]表12-14，钻削切削力公式为

$$F=9.81C_F d_0^{x_F} f^{y_F} k_F$$

查《机械制造手册》[4]表12-14，得 $C_F=42.7$，$d_0=19.6$mm，$x_F=1.0$，$y_F=0.8$，$k_F=1$；

另根据《切削用量简明手册》[2]表2.7，得 $f=0.81$mm/r，故

$$\begin{aligned}F&=9.81C_F d_0^{x_F} f^{y_F} k_F\\&=9.81\times42.7\times19.6^{1.0}\times0.81^{0.8}\times1\ \text{N}\\&=6936.5\ \text{N}\end{aligned}$$

钻削切削扭矩公式为

$$T=9.81C_M d_0^{x_M} f^{y_M} k_M$$

其中 $C_M=0.021$，$d_0=19.6$mm，$x_M=2$，$y_M=0.8$，$k_M=1$，故

$$\begin{aligned}T&=9.81C_M d_0^{x_M} f^{y_M} k_M\\&=9.81\times0.021\times19.6^{2}\times0.81^{0.8}\times1\ \text{N}\cdot\text{m}\\&=67\ \text{N}\cdot\text{m}\end{aligned}$$

查《机床夹具设计手册》[5]表1-2-1，在计算切削力时，必须考虑安全系数 K

$$K=K_0K_1K_2K_3K_4K_5K_6$$

式中　K_0——基本安全系数，$K_0=1.2$；

K_1——加工性质系数，$K_1=1.2$；

K_2——刀具钝化系数，$K_2=1.1$；

K_3——断续切削系数，$K_3=1.0$；

K_4——夹紧力的稳定性，$K_4=1.3$；

K_5——手动夹紧手柄位置，$K_5=1.0$；

K_6——接触点，$K_6=1.0$。

故

$$
\begin{aligned}
K &= K_0K_1K_2K_3K_4K_5K_6 \\
&= 1.2\times1.2\times1.1\times1.0\times1.3\times1.0\times1.0 \\
&= 2.059
\end{aligned}
$$

最后得实际钻削切削力

$$
\begin{aligned}
F_{实际} &= FK \\
&= 6936.5\times2.059\mathrm{N} \\
&= 14282\ \mathrm{N}
\end{aligned}
$$

（2）计算夹紧力　查《机床夹具设计手册》[5]，单个螺旋夹紧产生的夹紧力公式为

$$W_0=\frac{QL}{r'\tan\varphi_1+r_z\tan(\alpha+\varphi'_2)}$$

查《机床夹具设计手册》[5]表1-2-12，得原始作用力 $Q=15696\mathrm{N}$，作用力臂 $L=10\mathrm{mm}$：

查表1-2-8，得螺杆端部与工件间的当量摩擦半径 $r'=13.49\mathrm{mm}$；

查表1-2-9，得螺杆端部与工件间的摩擦角 $\varphi_1=30°$，螺旋副的当量摩擦角 $\varphi'_2=9°50'$；

查表1-2-10，得螺纹中径之半 $r_z=5.4315\mathrm{mm}$，螺纹升角 $\alpha=2°56'$。

因此

$$
\begin{aligned}
W_0 &= \frac{QL}{r'\tan\varphi_1+r_z\tan(\alpha+\varphi'_2)} \\
&= \frac{15696\times10}{13.49\times\tan30°+5.4315\times\tan(2°56'+9°50')}\mathrm{N} \\
&= 16117\ \mathrm{N}
\end{aligned}
$$

查表1-2-12，加在螺母上的扭矩为 $TQ=66.727\ \mathrm{N\cdot m}$。

因为 $F_{实际}<W_0$，$T<TQ$，故本夹具的夹紧力符合要求，可安全工作。

3. 定位误差的计算

根据零件精度要求和加工工艺，本夹具用于钻、铰 $\phi20^{+0.021}_{0}$mm 通孔。

本夹具的主要定位元件为心轴，与 $\phi40^{+0.039}_{0}$mm 孔形成配合 $\phi40\dfrac{H7}{g6}$。现规定：定位心轴的尺寸及公差，与本零件在工作时与其相配的轴的尺寸及公差相同，即 ϕ20H7（mm）和 ϕ40H8（mm）。定位基准为 $\phi40^{+0.039}_{0}$mm 孔的中心线，工序基准为 $\phi40^{+0.039}_{0}$mm 孔的中心线，限位基准为 $\phi40^{+0.039}_{0}$mm 心轴的中心线。

$\phi40^{+0.039}_{0}$mm 孔与 $\phi20^{+0.021}_{0}$mm 孔的中心距为120mm。查尺寸120mm自由公差m级的尺寸为（120 ±0.3）mm，夹具装配图上取其1/3，即夹具上该定位尺寸为(120 ±0.1）mm，公差为0.2mm。

此处需计算 $\phi40^{+0.039}_{0}$mm 孔与 $\phi20^{+0.021}_{0}$mm 孔的中心距120mm的总加工误差 $\sum\Delta$。影响总加工误差 $\sum\Delta$ 的因素包括定位误差 Δ_D、对刀误差 Δ_T、夹具在机床上的安装误差 Δ_A、夹具误差 Δ_J 和加工方法误差 Δ_G，所用公式参见《机床夹具设计》[6]。

（1）确定定位元件尺寸及公差　定位误差应是基准不重合误差 Δ_B 与基准位移误差 Δ_Y 的合成。因为工序基准不在定位基准上，所以定位误差 $\Delta_D=\Delta_Y+\Delta_B$。

因为定位基准为工件 ϕ40mm 孔的中心线，工序基准也是工件 ϕ40mm 孔的中心线，因此基准重合，即基准不重合误差 $\Delta_B=0$。限位基准为 $\phi40^{+0.039}_{0}$mm 心轴的中心线，与定位基准不重合存在基准位移误差 Δ_Y

$$\Delta_Y = \frac{\delta_D + \delta_{d_0}}{2} = (\text{孔公差} + \text{轴公差})/2$$

参见《机床夹具设计》[6]第28页的公式1-9；本夹具定位元件心轴与 $\phi 40^{+0.039}_{0}$mm 孔形成配合 $\phi 40\frac{H7}{g6}$，可知孔尺寸为 ϕ40F7 即 $\phi 40^{+0.039}_{0}$mm，公差 $\delta_D = 0.039$mm，轴尺寸为 ϕ40g6 即 $\phi 40^{-0.009}_{-0.025}$mm，公差 $\delta_{d_0} = 0.016$mm，因此 $\Delta_Y = \frac{\delta_D + \delta_{d_0}}{2} = (0.039 + 0.016)/2 = 0.0275$mm。

由此可得定位误差 $\Delta_D = \Delta_Y + \Delta_B = 0.0275 + 0 = 0.0275$mm。

（2）对刀误差 Δ_T　对刀误差是因刀具相对于对刀元件或导向元件的位置不精确而造成的，此处为铰刀与导向孔的最大间隙 X_{max}。

钻套导向孔尺寸为 ϕ20F7（mm），查表得孔为 $\phi 20^{+0.041}_{+0.020}$mm，铰刀尺寸为 ϕ20mm，故 $\Delta_T = X_{max} = +0.041 - 0 = 0.041$mm。

（3）夹具安装误差 Δ_A　夹具安装误差是因夹具在机床上的安装不精确而造成的加工误差。因本例中夹具的安装基面为平面，故没有安装误差，即 $\Delta_A = 0$mm。

（4）夹具误差 Δ_J　本例中的夹具误差为 $\Delta_J = 0.035$mm。

（5）加工方法误差 Δ_G　本例中的加工方法误差为 $\Delta_G = \delta_K/3 = 0.07$mm（$\delta_K$ 为工件公差，该工序 $\delta_K = 0.2$mm）。

总加工误差为

$$\sum \Delta = \sqrt{\Delta_D^2 + \Delta_T^2 + \Delta_A^2 + \Delta_J^2 + \Delta_G^2} = \sqrt{0.0275^2 + 0.041^2 + 0 + 0.035^2 + 0.07^2} = 0.09\ \text{mm} < 0.2\text{mm}$$

$\sum \Delta = 0.09\text{mm} < \delta_K = 0.2$mm，即工件的总加工误差不大于工件加工尺寸公差。

为保证夹具有一定的使用寿命，防止夹具因磨损而过早报废，在分析计算工件加工精度时，需留出一定的精度储备量 J_C。

因精度储备量 $J_C = \delta_K - \Sigma\Delta = (0.2 - 0.09)$mm $= 0.11$mm > 0，夹具能满足工件的加工要求。

4. 夹具设计方案及操作的简要说明

在设计夹具时，为提高劳动生产率，便于拆装，钻床夹具采用铰链式钻模板。本工序由于有粗加工，切削余量大，切削力也较大，为了夹紧工件就要在条件允许的情况下采用尽可能大的夹紧力。夹具钻模板上装有导向元件快换钻套和衬套，可使夹具在一批零件加工中能很好地保证加工位置。同时夹具体底面上有1根心轴和1个挡销，1个可调支承钉定位弯臂零件。在心轴两头各有一段夹紧用的螺纹，操作中将心轴置于夹具体的定位孔中并用螺母锁紧，将工件放在心轴上靠住挡销后，装上开口垫圈拧上锁紧螺母就可对工件完成夹紧。翻下铰链式钻模板并用菱形螺母拧紧钻模板就可以进行加工。在拆卸工件时只要松开菱形螺母翻开钻模板，拧松锁紧螺母拔出开口垫圈就可取出工件，操作方便简单。

钻床专业夹具的装配图及夹具的部分重要零件零件图见示例3-图3～6。

四、参考文献

[1] 陈宏钧．机械加工工艺设计员手册［M］．北京：机械工业出版社，1994.

[2] 艾兴，肖诗纲．切削用量简明手册［M］．北京：机械工业出版社，1994.
[3] 上海市金属切削技术协会．金属切削手册［M］．上海：上海科学科技出版社，1984.
[4] 王宛山，邢敏．机械制造手册［M］．沈阳：辽宁科学技术出版社，2002.
[5] 徐鸿本．机床夹具设计手册［M］．沈阳：辽宁科学技术出版社，2004.
[6] 肖继德，陈宁平．机床夹具设计［M］．北京：机械工业出版社，2000.
[7] 李春胜，黄德彬．金属材料手册［M］．北京：化学工业出版社，2004.
[8] 李澄，闻百桥，吴天生．机械制图［M］．北京：高等教育出版社，2003.
[9] 周开勤．机械零件手册［M］．北京：高等教育出版社，2001.
[10] 田培棠，石晓辉，米林．夹具结构设计手册［M］．北京：国防工业出版社，2011.

五、心得体会

毕业设计是我们专业课程知识综合应用的实践训练，这是我们迈向社会、从事职业工作前一个必不可少的过程。

通过毕业设计，使我深深体会到，干任何事都必须有耐心、细致。在毕业设计过程中，许多计算有时不免令我感到有些心烦意乱；有几次因为不小心我的计算出了错，只能不情愿地重新来。但一想起老师平时对我们的耐心教导，想到今后自己应当承担的社会责任，我不禁时刻提醒自己，一定要养成一种高度负责、一丝不苟的良好习惯。

六、附录

1. 机械加工工艺过程卡片（示例3-表2）
2. 机械加工工序卡片（示例3-表3～5）
3. 专业夹具装配图（示例3-图3，见书后插页）
4. 专业夹具部分重要零件零件图（示例3-图4～6）

示例3-表2

机械加工工艺过程卡片		产品型号		零件图号	BYSJ－05	总2页		第1页
		产品名称		零件名称	弯臂	共2页		第1页
材料牌号	HT150	毛坯种类 铸件	毛坯外形尺寸	124×124×160	每毛坯可制件数 1	每台件数 1	备注	
工序号	工序名称	工序内容	车间	工段	设备	工艺装备	工时 准终	工时 单件
	备料	精密铸造（124mm×124mm×160mm），$\phi 40$mm底孔铸出	铸造车间					
	初检	检验毛坯，去除浇冒口、毛刺	金工			游标卡尺		
	热处理	人工时效	热处理					
1	车	1. 用V形块对$\phi 80$mm外圆面进行定位，并用压板在另一侧夹紧，粗车$\phi 80$mm圆柱的左端面，表面粗糙度值为$Ra6.3\mu m$ 2. 调头粗车$\phi 80$mm圆柱的右端面，保证尺寸120mm，表面粗糙度值为$Ra6.3\mu m$ 3. 粗、精车内孔$\phi 40^{+0.039}_{0}$mm至尺寸要求，保证表面粗糙度值为$Ra1.6\mu m$ 4. 倒角1mm×45°	金工		卧式车床	车刀、游标卡尺、内径百分表、车床专用夹具		
2	铣	以零件右端面、孔$\phi 40^{+0.039}_{0}$mm加心轴为定位基准夹紧、R105mm圆弧处加挡销防转，粗铣$\phi 45$mm的两端面至尺寸要求，表面粗糙度值为$Ra6.3\mu m$	金工		万能铣床	铣刀、游标卡尺、铣床专用夹具		
3	钻	1. 以零件右端面、$\phi 40^{+0.039}_{0}$mm孔加心轴为定位基准夹紧、R105mm圆弧处加挡销防转，钻孔至$\phi 19.6$mm，表面粗糙度值为$Ra6.3\mu m$ 2. 铰$\phi 20^{+0.021}_{0}$mm孔至尺寸要求，表面粗糙度值为$Ra1.6\mu m$ 3. 双面倒角1mm×45°	金工		立式钻床	麻花钻、扩孔钻、铰刀、游标卡尺、量规、钻床专用夹具		
			设计（日期）	审核（日期）	标准化（日期）	会签（日期）		
标记 处数 更改文件号 签字 日期	标记 处数 更改文件号 签字 日期							

描图
描校
底图号
装订号

（续）

机械加工工艺过程卡片	产品型号		零件图号	BYSJ－05	总2页	第2页
	产品名称		零件名称	弯臂	共2页	第2页

材料牌号	HT150	毛坯种类	铸件	毛坯外形尺寸	124×124×160	每毛坯可制件数	1	每台件数	1	备注	

工序号	工序名称	工序内容	车间	工段	设备	工艺装备	工时 准终	工时 单件
4	铣	以零件右端面、$\phi40^{+0.039}_{0}$mm孔加心轴、$\phi20^{+0.021}_{0}$mm孔加菱形销为定位基准夹紧，粗铣锁紧孔位置的左右两端面至尺寸要求，表面粗糙度值为$Ra6.3\mu m$	金工		万能铣床	铣刀、游标卡尺、铣床专用夹具		
5	钻	1. 以零件右端面、$\phi40^{+0.039}_{0}$mm孔加心轴、$\phi20^{+0.021}_{0}$mm孔加菱形销为定位基准夹紧，钻孔$\phi18$mm至尺寸$\phi17.6$mm，表面粗糙度值为$Ra6.3\mu m$ 2. 铰$\phi18$mm通孔至尺寸要求，表面粗糙度值为$Ra1.6\mu m$ 3. 锪2×$\phi35$mm的双边沉孔至尺寸要求，表面粗糙度值为$Ra6.3\mu m$	金工		立式钻床	麻花钻、铰刀、锪钻、游标卡尺、量规、钻床专用夹具		
6	铣	以零件右端面、$\phi40^{+0.039}_{0}$mm孔加心轴、$\phi20^{+0.021}_{0}$mm孔加菱形销为定位基准夹紧，粗铣两个宽为5mm的槽，表面粗糙度值为$Ra6.3\mu m$	金工		万能铣床	铣刀、游标卡尺、铣床专用夹具		
7	铣	以零件右端面、$\phi40^{+0.039}_{0}$mm孔加心轴、$\phi20^{+0.021}_{0}$mm孔加菱形销为定位基准夹紧，粗铣右边小耳朵的下端面至尺寸要求，表面粗糙度值为$Ra6.3\mu m$	金工		立式铣床	铣刀、游标卡尺、铣床专用夹具		
8	钻	1. 以零件右端面、$\phi40^{+0.039}_{0}$mm孔加心轴、$\phi20^{+0.021}_{0}$mm孔加菱形销为定位基准夹紧，钻2×M12－7H的螺纹底孔至$\phi10.3$mm，表面粗糙度值为$Ra6.3\mu m$ 2. 攻2×M12－7H的螺纹至尺寸要求，表面粗糙度值为$Ra6.3\mu m$	金工		立式钻床	麻花钻、丝锥、游标卡尺、螺纹量规、钻床专用夹具		
9	插	插键槽8mm×120mm至尺寸要求，表面粗糙度值为$Ra3.2\mu m$，保证 ⌯ 0.01 A	金工		插床	插刀、专用夹具、游标卡尺		
10	检验	检验。 上油。 入库。	质检室					

描图	
描校	
底图号	
装订号	

										设计（日期）	审核（日期）	标准化（日期）	会签（日期）
标记	处数	更改文件号	签字	日期	标记	处数	更改文件号	签字	日期				

示例 3-表 3

工序号:1	机械加工工序卡片	产品型号		零件图号	BYSJ－05	总 1 页	第 1 页
		产品名称		零件名称	弯臂	共 1 页	第 1 页

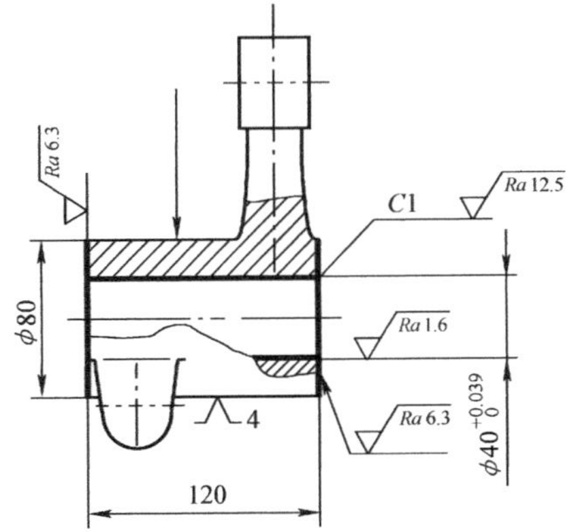

车间	工序号	工序名称	材料牌号
金工	10	车	HT150
毛坯种类	毛坯外形尺寸		每台件数
铸件	124×124×160		1
设备名称	设备型号	设备编号	同时加工件数
卧式车床	CA6140		1
夹具编号	夹具名称		切削液
工位器具编号	工位器具名称		工序工时 准终 / 单件

工步号	工步内容	工艺设备	主轴转速/(r/min)	切削速度/(m/min)	进给量/(mm/r)	背吃刀量/mm	进给次数	工步工时 机动	工步工时 辅助
1	用 V 形块对 ϕ80mm 外圆面进行定位，并用压板在另一侧夹紧，粗车 ϕ80mm 的左端面至尺寸要求，表面粗糙度值为 Ra6.3μm	45°车刀、游标卡尺、车床专用夹具	160	40.2	0.86	1	1		
2	调头粗车 ϕ80mm 的右端面至尺寸要求，表面粗糙度值为 Ra6.3μm		160	40.2	0.86	1	1		
3	粗车内孔 $\phi 40^{+0.039}_{0}$ mm，留精车余量，表面粗糙度值为 Ra6.3μm	内孔车刀、内径百分表	400	50.24	0.5	0.9	1		
4	精车内孔 $\phi 40^{+0.039}_{0}$ mm 至尺寸要求，表面粗糙度值为 Ra1.6μm		560	70.33	0.5	0.1	1		
5	倒角 1mm×45°，表面粗糙度值为 Ra12.5μm		320	40.2	0.86	1	1		

描图	描校	底图号	装订号

标记	处数	更改文件号	签字	日期	标记	处数	更改文件号	签字	日期	设计(日期)	审核(日期)	标准化(日期)	会签(日期)

示例 3-表 4

工序号:2	机械加工工序卡片	产品型号		零件图号	BYSJ-05	总1页	第1页
		产品名称		零件名称	弯臂	共1页	第1页

车间	工序号	工序名称	材料牌号
金工	20	铣	HT150
毛坯种类	毛坯外形尺寸		每台件数
铸件	124×124×160		1
设备名称	设备型号	设备编号	同时加工件数
万能铣床	XA6132		1
夹具编号	夹具名称		切削液
工位器具编号	工位器具名称		工序工时
			准终 / 单件

Ra 6.3

35

Ra 6.3

$\phi45$

3

2

工步号	工步内容	工艺设备	主轴转速/(r/min)	切削速度/(m/min)	进给量/(mm/min)	背吃刀量/mm	进给次数	工步工时 机动	工步工时 辅助
1	以零件右端面、孔 $\phi40$mm 加心轴为定位基准夹紧、R105mm 圆弧处加挡销防转，粗铣 $\phi45$mm 的两端面至尺寸要求，表面粗糙度值为 $Ra6.3\mu m$	2 把 $\phi125$mm 硬质合金三面刃铣刀、游标卡尺、铣床专用夹具	235	59	705	1	1		

描图　描校　底图号　装订号

										设计(日期)	审核(日期)	标准化(日期)	会签(日期)
标记	处数	更改文件号	签字	日期	标记	处数	更改文件号	签字	日期				

示例3-表5

工序号:3	机械加工工序卡片	产品型号		零件图号	BYSJ－05	总1页	第1页
		产品名称		零件名称	弯臂	共1页	第1页

车间	工序号	工序名称	材料牌号
金工	30	钻	HT150
毛坯种类	毛坯外形尺寸		每台件数
铸件	124×124×160		1
设备名称	设备型号	设备编号	同时加工件数
立式钻床	Z5125A		1
夹具编号		夹具名称	切削液
工位器具编号		工位器具名称	工序工时 准终 / 单件

Ra 1.6　35　$\phi20^{+0.021}_{0}$　C1　Ra 12.5　3　2

工步号	工步内容	工艺设备	主轴转速/(r/min)	切削速度/(m/min)	进给量/(mm/r)	背吃刀量/mm	进给次数	工步工时 机动	工步工时 辅助
1	以零件右端面、ϕ40mm孔加心轴为定位基准夹紧、R105mm圆弧处加挡销防转，钻孔至ϕ19.6mm，表面粗糙度值为Ra6.3μm，留铰余量	ϕ19.6mm麻花钻；游标卡尺；钻床专用夹具	272	17	0.81	9.8	1		
2	铰孔$\phi20^{+0.021}_{0}$mm至尺寸要求，表面粗糙度值为Ra1.6μm	ϕ20mm直柄机用铰刀；量规	272	17	0.48	0.2	1		
3	倒角1mm×45°，表面粗糙度值为Ra12.5μm	ϕ22mm钻头麻花钻	272	17	0.81	1	1		
4	调头倒角1mm×45°，表面粗糙度值为Ra12.5μm		272	17	0.81	1	1		

描图　描校　底图号　装订号

标记	处数	更改文件号	签字	日期	标记	处数	更改文件号	签字	日期	设计(日期)	审核(日期)	标准化(日期)	会签(日期)

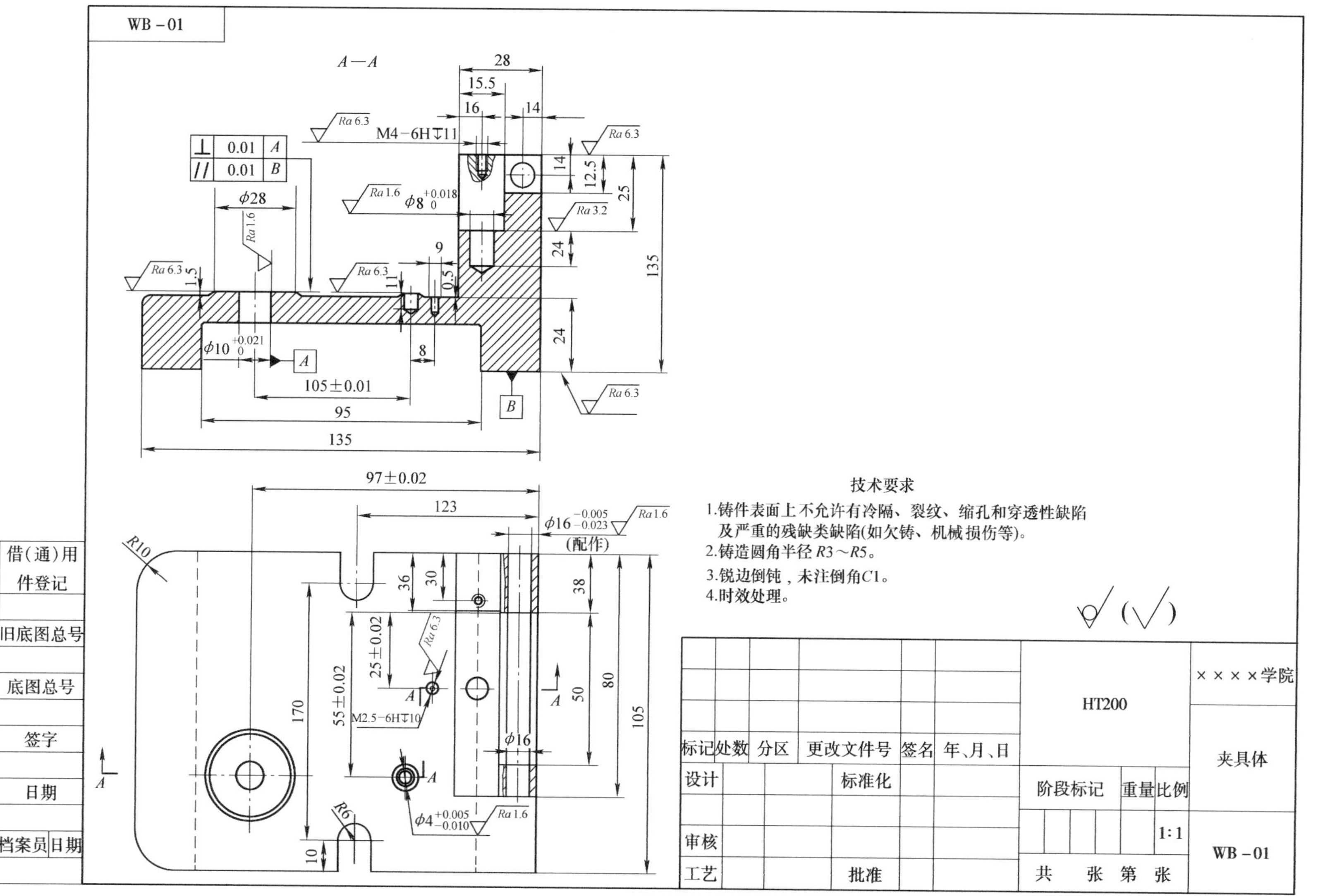

WB－01
A—A
M4－6H↧11
技术要求
1.铸件表面上不允许有冷隔、裂纹、缩孔和穿透性缺陷及严重的残缺类缺陷(如欠铸、机械损伤等)。
2.铸造圆角半径 R3～R5。
3.锐边倒钝，未注倒角C1。
4.时效处理。
××××学院
HT200
夹具体
WB－01
标记
处数
分区
更改文件号
签名
年、月、日
设计
标准化
阶段标记
重量
比例
1:1
审核
工艺
批准
共　张　第　张
借(通)用件登记
旧底图总号
底图总号
签字
日期
档案员
日期
105±0.01
97±0.02
(配作)
25±0.02
55±0.02
M2.5－6H↧10

示例3-图4　夹具体

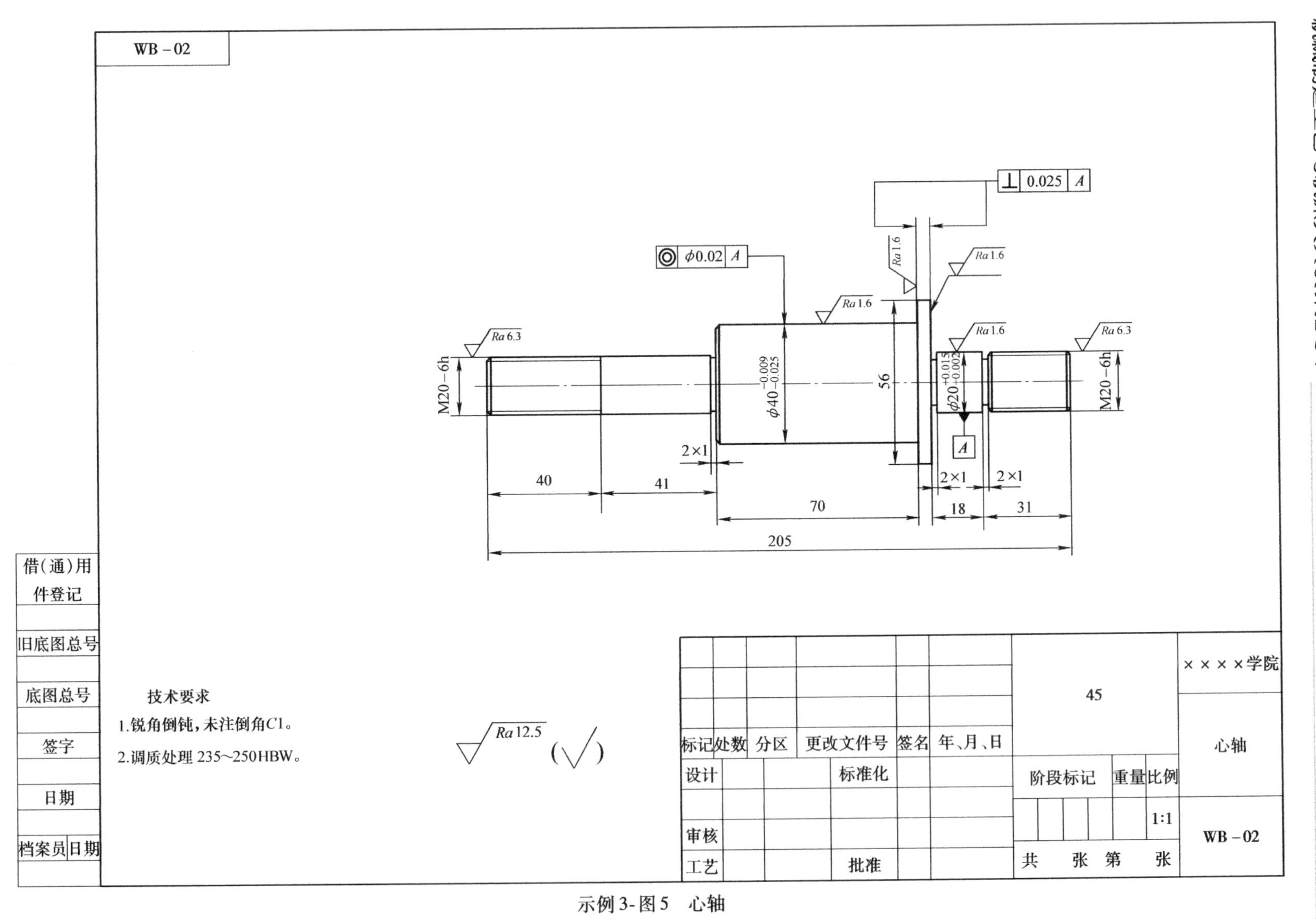

WB－02
⊥ 0.025 A
◎ φ0.02 A
Ra 1.6
Ra 6.3
M20－6h
$\phi40^{-0.009}_{-0.025}$
56
$\phi20^{+0.015}_{+0.002}$
A
2×1
40
41
70
18
31
205
借(通)用件登记
旧底图总号
底图总号
签字
日期
档案员 日期
技术要求
1.锐角倒钝，未注倒角C1。
2.调质处理 235~250HBW。
Ra 12.5 (√)
标记 处数 分区 更改文件号 签名 年、月、日
设计
标准化
审核
工艺
批准
45
阶段标记
重量
比例
1:1
共 张 第 张
××××学院
心轴
WB－02

示例3-图5 心轴

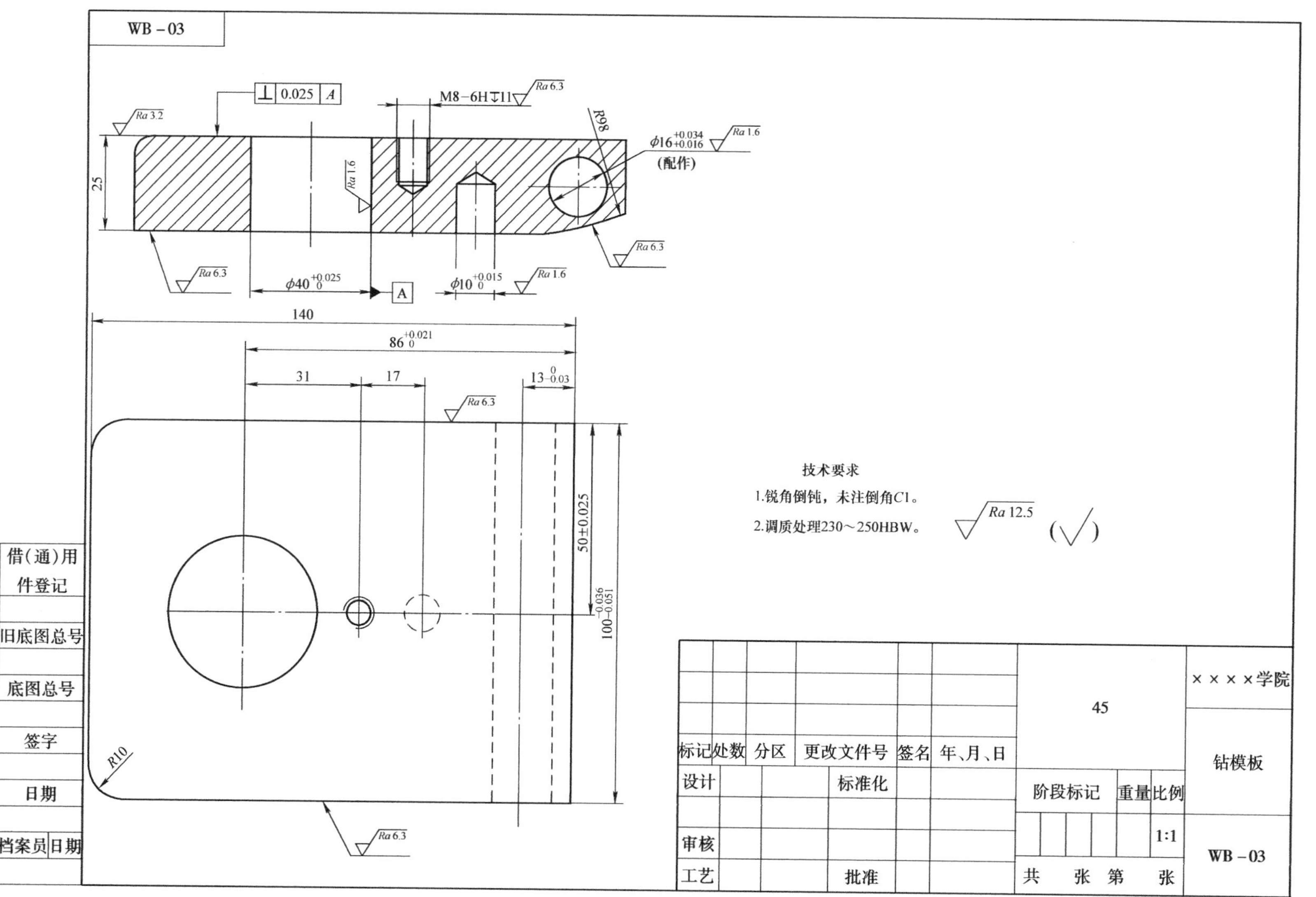

WB－03
0.025 A
M8－6H↧11
Ra 6.3
Ra 3.2
R98
φ16+0.034+0.016
(配作)
Ra 1.6
25
Ra 6.3
φ40+0.025 0
A
φ10+0.015 0
140
86+0.021 0
31
17
13 0 -0.03
50±0.025
100-0.036-0.051
R10
技术要求
1.锐角倒钝，未注倒角C1。
2.调质处理230～250HBW。
Ra 12.5
借（通）用件登记
旧底图总号
底图总号
签字
日期
档案员
日期
标记
处数
分区
更改文件号
签名
年、月、日
设计
标准化
审核
工艺
批准
45
阶段标记
重量
比例
1:1
共　张　第　张
××××学院
钻模板
WB－03

示例3-图6　钻模板

指导教师评语：

成　　绩________

签　名________
年　　月　　日

答辩小组评语：

成　绩________

签　名________
年　　月　　日

毕业设计答辩记录表

______年______月______日

班　级		姓　名		答辩时间	
课题名称					

答辩小组成员	姓　名	单　位	职　称	备　注

序号	提 问 主 要 问 题	回答情况				提问人
		好	较好	基本正确	错误	
1						
2						
3						
4						
5						
6						
7						
8						
9						
10						
11						
12						
13						
14						
15						

毕业设计（论文）成绩评定表		成绩	指导教师	答辩小组
设计能力	能正确地独立思考与工作，理解力强，有创造性	优		
	能理解所学的内容，有一定的独立工作能力	良		
	理解力、设计能力虽一般，但尚能独立工作	中		
	理解力、设计能力一般，独立工作能力不够	及		
	理解力、设计能力差，依赖性大，不加消化地照抄照搬	不		
设计内容	能全面考虑问题，设计方案合理，在某些方面解决得较好，有创见	优		
	能较全面考虑问题，设计方案中无错误	良		
	考虑问题还算全面，设计方案中有个别错误	中		
	考虑问题稍欠全面，设计方案中有些错误	及		
	考试问题片面，设计方案中有原则性和重大的错误	不		
表达能力	设计内容表现很好，制图细致清晰，说明书简明扼要	优		
	设计内容表现较好，制图清晰，说明书能表达设计意图	良		
	设计内容表现还好，制图还清晰，说明书尚能表达设计意图	中		
	设计内容表现一般，制图一般，说明书尚能表达设计意图	及		
	设计内容表现较差，制图粗糙，不清晰不整洁，说明书不能表达设计内容	不		
设计态度	学习与设计态度认真踏实，肯钻研，虚心	优		
	学习与设计态度认真、主动	良		
	学习与设计态度尚认真	中		
	学习与设计要求不严	及		
	学习与设计态度马虎	不		
答辩成绩	介绍方案简明扼要，能正确回答所提出的问题	优		
	介绍方案能表达设计内容，能正确回答所提出的问题	良		
	介绍方案能表达设计内容，基本上能正确回答所提出的问题	中		
	介绍方案尚能表达设计内容，能正确回答所提出的问题	及		
	介绍方案不能表达设计内容，不能正确回答所提出的问题	不		
题目难度系数（0.7—1.2）				
指导教师建议成绩________（签名）　________年______月______日				
答辩小组建议成绩________（签名）　________年______月______日				
答辩委员会评定成绩________（签名）　________年______月______日				

注：1. 各栏成绩可按优、良、中、及、不等打分。

2. 难度系数标准为1，偏难或偏易酌情打分。

第三部分　技术资料辑录

考虑到毕业设计时学生往往很难找到合适的设计手册和参考资料，为此特地辑录了部分常用的工艺规程设计和夹具设计的相关资料，以方便在设计时学生和指导教师查找。

一、机械加工工艺规程设计资料

（一）常用材料及热处理方法

表3-1、表3-2列出了常用铸铁、钢材及其热处理方法，可供指导教师及学生参考。

表3-1　常用铸铁及其热处理方法

名称	牌号	牌号表示方法说明	硬度（HBW）	特性及用途举例
灰铸铁	HT100	“HT”灰铸铁的代号。它后面的数字表示抗拉强度。（HT是“灰”“铁”两汉字拼音的第一个字母）	143～229	属低强度铸铁。用于盖、手把、手轮等不重要零件
	HT150		143～241	属中等强度铸铁。用于一般铸铁件如机床座、端盖、带轮、工作台等
	HT200 HT250		163～255	属高强度铸铁。用于较重要铸铁件如气缸、齿轮、凸轮、机座、床身、飞轮、带轮、齿轮箱、阀壳、联轴器、衬筒、轴承座等
	HT300 HT350		170～255 170～269	属高强度、高耐磨铸铁。用于齿轮、凸轮、床身、高压液压泵和滑阀的壳体、车床卡盘等
球墨铸铁	QT 450－10	“QT”是球墨铸铁的代号。它后面的数字分别表示抗拉强度和延伸率的大小（“QT”是球铁两字汉语拼音的第一个字母）	170～207	具有较高的强度和塑性。广泛用于机械制造业中受磨损和受冲击的零件，如曲轴、齿轮、气缸套、活塞环、摩擦片、中低压阀门、千斤顶底座、轴承座等
	QT 500－7		187～255	
	QT 600－3		197～269	
可锻铸铁	KTH 300－06	KTH　KTZ分别是黑心和珠光体可锻铸铁的代号。它们后面的数字分别表示强度和延伸率的大小。（KT是可铁两字汉语拼音的第一个字母）	120～163	用于承受冲击、振动等零件，如汽车零件、机床附件（如扳手等）、各种管接头、低压阀门、机具等。珠光体可锻铸铁在某些场合可代替低碳钢、中碳钢及低合金钢，如用于制造齿轮、曲轴、连杆等
	KTH 330－08		120～163	
	KTH 300－05		152～219	

表 3-2　常用钢材及其热处理方法

钢号	热处理	力学性能					用途举例
		R_e /MPa	A (%)	α_k/ J·cm^{-2}	HBW	HRC	
10	S－C59					56～62	冷压加工的并需渗碳淬火的零件，如自攻螺纹，摩擦片等
15	S－C59				心部 136～146	56～62	载荷小、形状简单、受摩擦及冲击大零件，如小轴、套、挡块、销钉等
	S－G59	250～300	≥20		心部 ≤143	56～62	
35	C35	≥650	≥8	30		30～40	强度要求较高的小型零件，如小轴、螺钉、垫圈、环、螺母等
45	Z				≤229		载荷不大的轴、垫圈、丝杠、套筒、齿轮等
	T215				200～300		截面在 100mm² 以下，工作速度不高并受中等强度压力的零件，如齿轮、装滚动轴承的轴、花键轴、套、蜗杆、大型定位螺钉、大型定位销等
	T235	≥450	≥10	>40	220～250		
	Y35	≥650	≥15			30～40	外形复杂的薄体小零件，其截面在 6～8mm² 以下，如套环紧固螺母等
	C42					40～45	截面在 80mm² 以下，形状不复杂的、具有较高强度与硬度的零件，如齿轮、轴、离合器、挡块、定位销、键等
	C48	≥950	≥6			45～50	截面在 50mm² 以下，不受冲击的高强度耐磨零件，如齿轮、轴、棘轮等
	C42					40～45	载荷不大，中等速度，承受一定的冲击力的齿轮、离合器、大轴等
	C48					45～50	中等速度与低载荷的齿轮、冲击力不大的离合器，直径较大的轴等
	C54				心部 220～250	52～58	速度不大，受连续重载荷的作用，模数小于 4 的齿轮与直径小于 80mm 的轴等
	T－G54	≥450	≥17			52～58	
20Cr	S－C59	心部≥600	心部≥10	心部≥60	心部≥212	56～62	中等尺寸、高速、中等强度压力与冲击力的零件，如齿轮、离合器、主轴等
	S－G59					56～62	要求高耐磨性，热处理变形小的零件，如模数 3 以下的齿轮、主轴、花键轴等

（续）

钢号	热处理	力学性能					用途举例
		R_e /MPa	A (%)	α_k/ J·cm^{-2}	HBW	HRC	
20CrMnTi	S－C59	心部≥800	心部 ≥9	心部 ≥80	心部240～300	56～62	高速、中等或大强度压力及冲击载荷的零件，如齿轮、蜗杆、主轴等
	S－G59						
40Cr	T215	>650	≥10	≥60	200～230		中等速度、中等载荷的零件，如齿轮、滚动轴承中转动的主轴、顶尖套、蜗杆、花键轴、轴等
	T235				220～250		
	C42	>1140		50		40～45	中等速度、高载荷的零件，如齿轮、主轴、液压泵转子、滑块等
	C48	1300～1400	7	30		45～50	要求截面小于30mm^2 的各种零件（种类同上）
	C52					50～55	中等速度、中等压力的齿轮。如心部强度要求较高，可先调质
65Mn	C45	≥1250	≥5			42～48	带状弹簧，截面大于6mm^2 以上的弹簧、垫圈等
	C58					55～60	高强度、高耐磨、高弹性的零件，如弹簧卡头、机床主轴等
60Si2Mn	C42	≥1200	≥5			40～45	截面大于12mm^2 承受较重载荷的大型弹簧等
	C45	≥1300	≥6			42～48	
T10	Th球化				≤197		不淬硬的精密丝杠
	T215				200～230		大载荷，有一定耐磨性的精密丝杠、钻套等
	C61					58～64	
20Cr13	T235	450	16	80	200～255		大气条件下不锈的、不大的零件，如镜面轴、标准尺等
CrWMn	C56					54～58	变形小，耐磨性高的精密丝杠、凸轮样板、模具的导向套等
	C62					60～61	
GCr15	C60	<1700				58～62	耐磨性高，承受压力大的垫块、心轴等
	C63					61～65	载荷大，耐磨性高的零件，如叶片泵定子、靠模、滚动轴承等
W18Cr4V	C63					61～65	高硬度、耐磨零件，如液压泵叶片、螺纹磨床顶尖及其他高温耐磨零件

注：表中T：调质、C：淬火、S－C：渗碳、S－G：渗碳高频、Y：氧化处理、T－G：调质高频、Z：正火。

（二）典型表面的加工方案

各种零件的典型表面主要有外圆表面、内圆表面、平面和成形表面。不同的表面具有不同的切削加工方法。

对于同一种加工表面，由于精度和表面质量的要求不同，要经过由粗到精的不同加工阶段，而不同的加工阶段可以采用不同的加工方法。因此，应当对零件的不同表面、不同加工精度和表面质量，采用对应的加工阶段和加工方法。

表3-3、表3-4、表3-5、表3-6分别列出了外圆表面、内圆表面、平面和常见齿面的加工方案，可供指导教师及学生拟订工艺规程时参考。

表3-3　外圆表面的加工方案

序号	加工方案	经济精度等级	表面粗糙度 $Ra/\mu m$	适用范围
1	粗车	IT11以下	50~12.5	适用于淬火钢以外的各种金属
2	粗车—半精车	IT10~IT8	6.3~3.2	
3	粗车—半精车—精车	IT8~IT6	1.6~0.8	
4	粗车—半精车—精车—滚压（或抛光）	IT7~IT5	0.2~0.025	
5	粗车—半精车—磨削	IT8~IT6	0.8~0.4	主要用于淬火钢，也可用于未淬火钢，但不宜加工非铁材料（有色金属）
6	粗车—半精车—粗磨—精磨	IT7~IT5	0.4~0.1	
7	粗车—半精车—粗磨—精磨—超精加工（或轮式超精磨）	IT7~IT5以上	0.2~0.012	
8	粗车—半精车—精车—金钢石车	IT7~IT5	0.4~0.025	主要用于要求较高的非铁材料（有色金属）的加工
9	粗车—半精车—粗磨—精磨—超精磨或镜面磨	IT5以上	0.025~0.012	高精度的外圆加工
10	粗车—半精车—粗磨—精磨—研磨	IT7~IT5以上	0.1~0.012	

表3-4　内圆表面的加工方案

序号	加工方案	经济精度等级	表面粗糙度 $Ra/\mu m$	适用范围
1	钻	IT10~IT8	12.5	加工未淬火钢及铸铁的实心毛坯，也可用于加工非铁材料（有色金属）（但表面粗糙度稍大，孔径小于15~20mm）
2	钻—铰	IT8~IT7	3.2~1.6	
3	钻—粗铰—精铰	IT8~IT7	1.6~0.8	
4	钻—扩	IT10~IT8	12.5~6.3	加工未淬火钢及铸铁的实心毛坯，也可用于加工非铁合金（有色金属）（但是表面粗糙度稍大，孔径大于15~20mm）
5	钻—扩—铰	IT8~IT7	3.2~1.6	
6	钻—扩—粗铰—精铰	IT8~IT7	1.6~0.8	
7	钻—扩—机铰—手铰	IT7~IT5	0.4~0.1	
8	钻—扩—拉	IT8~IT5	1.6~0.1	大批大量生产（精度由拉刀的精度而定）

（续）

序号	加工方案	经济精度等级	表面粗糙度 $Ra/\mu m$	适用范围
9	粗镗（或扩孔）	IT10～IT18	12.5～6.3	除淬火钢外的各种钢和非铁材料（有色金属），毛坯的铸出孔或锻出孔
10	粗镗（粗扩）—半精镗（精扩）	IT8～IT7	3.2～1.6	
11	粗镗（扩）—半精镗（精扩）—精镗（铰）	IT8～IT6	1.6～0.8	
12	粗镗（扩）—半精镗（精扩）—精镗—浮动镗刀精镗	IT8～IT6	0.8～0.4	
13	粗镗（扩）—半精镗—磨孔	IT8～IT6	0.8～0.4	主要用于淬火钢，也用于未淬火钢，但不宜用于非铁材料（有色金属）加工
14	粗镗（扩）—半精镗—粗磨—精磨	IT7～IT5	0.2～0.1	
15	粗镗—半精镗—精镗—金刚镗	IT7～IT5	0.4～0.05	主要用于精度要求高的非铁材料（有色金属）加工
16	钻—（扩）—粗铰—精铰—珩磨 钻—（扩）—拉—珩磨 粗镗—半精镗—精镗—珩磨	IT7～IT5 以上	0.2～0.025	精度要求很高的孔
17	以研磨代替上述方案中的珩磨	IT6 以上		

表 3-5　平面的加工方案

序号	加工方案	经济精度等级	表面粗糙度 $Ra/\mu m$	适用范围
1	粗车—半精车	IT10～IT7	6.3～3.2	端面
2	粗车—半精车—精车	IT8～IT6	1.6～0.8	
3	粗车—半精车—磨削	IT8～IT6	0.8～0.2	
4	粗刨（或粗铣）—精刨（或精铣）	IT10～IT7	6.3～1.6	一般不淬硬平面（端铣的表面粗糙度可较小）
5	粗刨（或粗铣）—精刨（或精铣）—刮研	IT8～IT5	0.8～0.1	精度要求较高的不淬硬平面。批量较大时宜采用宽刃精刨方案
6	粗刨（或粗铣）—粗刨（或精铣）—宽刃精刨	IT8～IT6	0.8～0.2	
7	粗刨（或粗铣）—精刨（或精铣）—磨削	IT8～IT6	0.8～0.2	精度要求较高的淬硬平面或不淬硬平面
8	粗刨（或粗铣）—精刨（或精铣）—粗磨—精磨	IT7～IT5	0.4～0.025	
9	粗刨—拉	IT8～IT6	0.8～0.2	大量生产，较小的平面（精度视拉刀的精度而定）
10	粗铣—精铣—磨削—研磨	IT7～IT5 以上	0.1～0.012	高精度平面

表 3-6　常见齿面加工方案

序号	加工方案	精度等级	生产规模	主要装备	适用范围	说　明
1	铣齿	IT10～IT9	单件小批	通用铣床、分度头及盘铣刀或指状铣刀	机修业、农机业小厂及乡镇企业	靠分度头分齿
2	滚（插）齿	IT9～IT6	单件小批	滚（插）齿机、滚（插）齿刀	应用广泛。滚齿常用于外啮合圆柱齿轮及蜗轮；插齿常用于阶梯轮、齿条、扇形轮、内齿轮	滚齿的运动精度较高；插齿的齿形精度较高
3	滚（插）—剃齿	IT7～IT6	大批大量	滚（插）齿机、剃齿机、滚（插）齿刀、剃齿刀	不需淬火的调质齿轮	尽量用滚齿后剃齿、双联、三联齿轮插后剃齿
4	滚（插）—剃—高频淬火—珩	IT6	成批大量	滚齿机、剃齿机、珩磨机	需淬硬的齿轮、机床制造业	矫正齿形精度及热处理变形能力较差
5	滚（插）—淬火—磨	IT6～IT5	单件小批	滚（插）齿机磨齿机及滚（插）齿刀、砂轮	精度较高的重载齿轮	生产率低、精度高

（三）机械加工工序间余量

1. 轴的加工方法及工序间余量

表 3-7　轴类零件的折算长度

光轴	台阶轴	
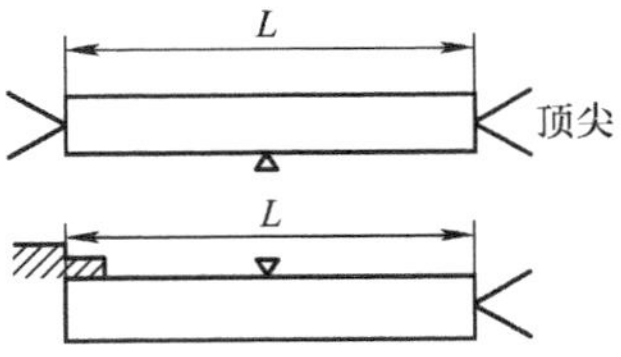 L　顶尖　L 取 $L=L$　①	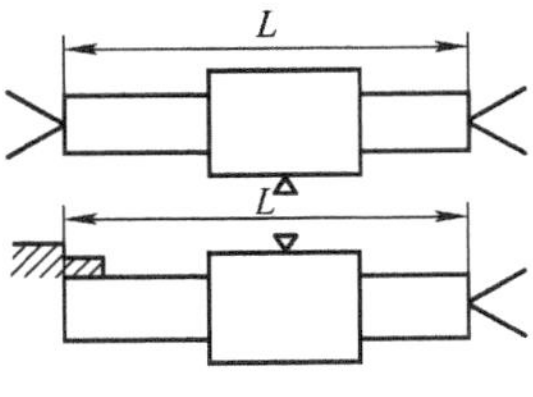 L　L 取 $L=L$　②	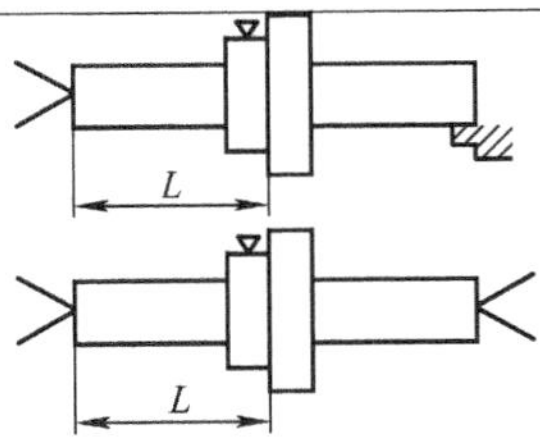 L　L 取 $L=2L$ 端面最远距离的 2 倍　③
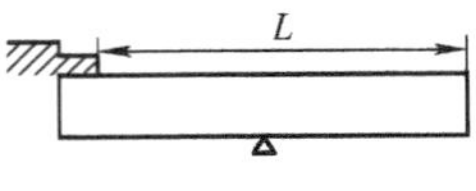 L 取 $L=2L$ L 为伸出部分长度　④	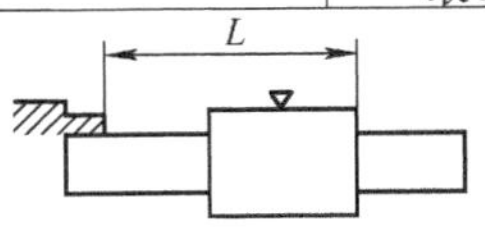 L　取 $L=2L$ 其长度是卡爪端面到加工部分最远一端之间距离的 2 倍 △　三角号为加工号　⑤	

注：1. 本表适用于轴的精车外圆和磨削的加工余量确定。

轴类工件加工中的受力变形与其长度和装夹方式（顶尖和卡盘）有关，轴的折算可分为表中的 5 种情形，①②③轴件装在卡盘和顶尖间，相当简支梁，其中②为加工轴的中段，③为加工轴的边缘（靠近端部的两段），轴的折算长度 L 是端面到加工部分最远端之间距离的两倍，④⑤轴件仅一端夹紧在卡盘内，相当悬壁梁，其折算长度是卡爪端面到加工部分最远一端之间距离的 2 倍。

2. 本表摘自《机械加工工艺手册》第一卷［表 3.2-1］。

表 3-8　轴类零件采用热轧棒料时外径的选用

零件的公称直径/mm	零件的折算长度与公称直径之比				零件的公称直径/mm	零件的折算长度与公称直径之比			
	≤4	>4~8	>8~12	>12~20		≤4	>4~8	>8~12	>12~20
	毛坯直径/mm					毛坯直径/mm			
5	7	7	8	8	40	43	45	45	45
6	8	8	8	8	42	45	48	48	48
8	10	10	10	11	44	48	48	50	50
10	12	12	13	13	45	48	48	50	50
11	14	14	14	14	46	50	52	52	52
12	14	14	15	15	50	54	54	55	55
14	16	16	17	18	55	58	60	60	60
16	18	18	18	19	60	65	65	65	70
17	19	19	20	21	65	70	70	70	75
18	20	20	21	22	70	75	75	75	80
19	21	21	22	23	75	80	80	85	85
20	22	22	23	24	80	85	85	90	90
21	24	24	24	25	85	90	90	95	95
22	25	25	26	26	90	95	95	100	100
25	28	28	28	30	95	100	105	105	105
27	30	30	32	32	100	105	110	110	110
28	32	32	32	32	110	115	120	120	120
30	33	33	34	34	120	125	130	130	130
32	35	35	36	36	130	140	140	140	140
33	36	38	38	38	140	150	150	150	150
35	38	38	39	39	—	—	—	—	—
36	39	40	40	40	—	—	—	—	—
37	40	42	42	42	—	—	—	—	—
38	42	42	42	43	—	—	—	—	—

注：1. 台阶轴的最大直径如在中间部分，应按最大直径选择毛坯，如在轴的端部，毛坯的直径可略小些。
2. 本表适用于一次加工完成的零件，若粗精加工分开，中间有时效处理，按表 3-9 选；若中间有正火或调质处理的，按表 3-15、表 3-16 选。
3. 本表摘自《金属机械加工工艺人员手册》(表 7-40)。

表 3-9　轴类零件的粗加工余量　　(单位：mm)

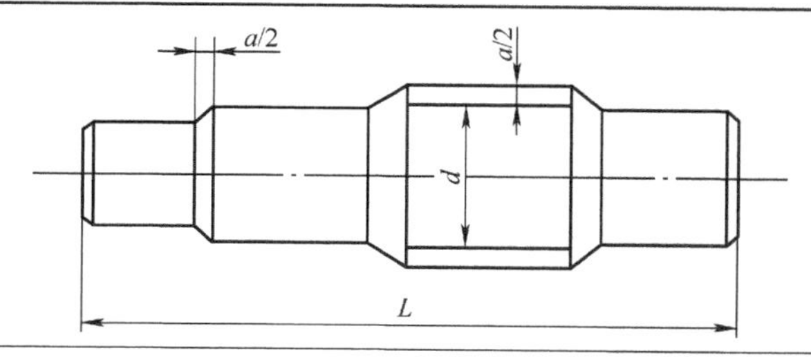

（续）

加工直径	≤18	>18～30	>30～50	>50～120	>120～250	>250～500
零件长度	直径余量 a					
≤30	3	3.5	4	5	5	5
>30～50	3.5	4	5	5	5	5
>50～120	4	4	5	5	6	6
>120～250	4	5	5	6	6	6
>250～500	5	5	6	7	7	7
>500～800	6	6	7	7	8	8
>800～1200	7	7	7	8	8	8

注：1. 端面留量为直径之半，即 $a/2$。

2. 适用于粗精分开，自然时效或人工时效。

3. 粗精加工分开及自然时效允许小于表中留量的20%。

4. 表中加工直径 d 指粗车后值，并非最终零件尺寸，工序间余量查表均如此。

5. 本表参照《机械加工余量实用手册》（表5-13）编制。

表3-10　轴类零件精车端面的加工余量　　（单位：mm）

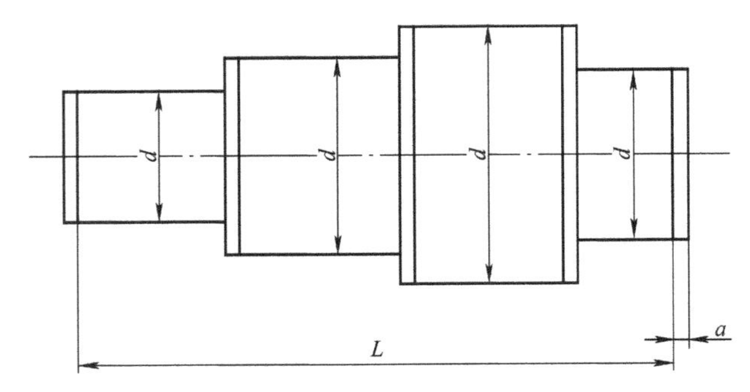

零件直径 d	零件全长 L					
	≤18	>18～50	>50～120	>120～260	>260～500	>500
	余量 a					
≤30	0.4	0.5	0.7	0.8	1.0	1.2
>30～50	0.5	0.6	0.7	0.8	1.0	1.2
>50～120	0.6	0.7	0.8	1.0	1.2	1.2
>120～260	0.7	0.8	1.0	1.0	1.2	1.4
>260～500	0.9	1.0	1.2	1.2	1.4	1.5
>500	1.2	1.2	1.4	1.4	1.5	1.7
长度公差	-0.2	-0.3	-0.4	-0.5	-0.6	-0.7

注：1. 加工有台阶的轴时，每台阶的加工余量应根据该台阶的直径 d 及零件的全长分别选用。

2. 表中的公差系指尺寸 L 的公差，当原公差大于该公差时，尺寸公差为原公差数值。

3. 本表摘自《机械加工余量实用手册》（表5-24）。

表 3-11 轴类零件在粗车端面后，正火、调质的端面精加工余量 （单位：mm）

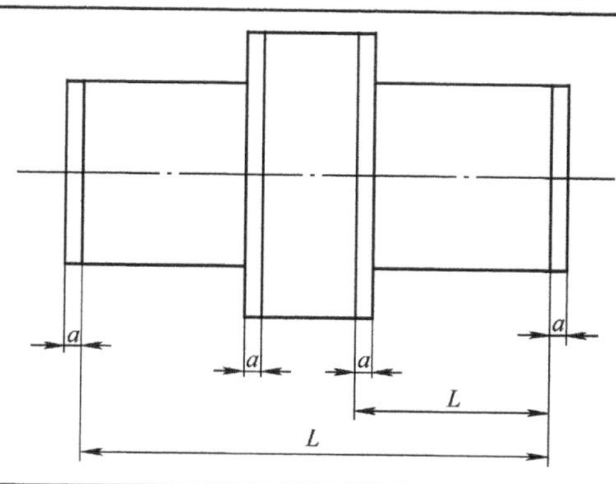

零件直径 d	零件全长 L					
	≤18	>18～50	>50～120	>120～260	>260～500	>500
	余量 a					
≤30	0.8	1.0	1.4	1.6	2.0	2.4
>30～50	1.0	1.2	1.4	1.6	2.0	2.4
>50～120	1.2	1.4	1.6	2.0	2.4	2.4
>120～260	1.4	1.6	2.0	2.0	2.4	2.8
>260	1.6	1.8	2.0	2.0	2.8	3.0

注：1. 粗车不需正火调质的零件，其端面余量按表中数值1/3～1/2选用。

2. 对薄形工件，如齿轮、垫圈等，按上表余量加50%～100%。

3. 本表摘自《机械加工余量实用手册》（表5-25）。

表 3-12 轴类零件磨削端面的加工余量 （单位：mm）

零件直径 d	零件全长 L					
	≤18	>18～50	>50～120	>120～260	>260～500	>500
	余量 a					
≤30	0.2	0.3	0.3	0.4	0.5	0.6
>30～50	0.3	0.3	0.4	0.4	0.5	0.6
>50～120	0.3	0.3	0.4	0.5	0.6	0.6
>120～260	0.4	0.4	0.5	0.5	0.6	0.6
>260～500	0.5	0.5	0.5	0.6	0.7	0.7
>500	0.6	0.6	0.6	0.7	0.8	0.8
长度公差	-0.12	-0.17	-0.23	-0.3	-0.4	-0.5

注：1. 加工有台阶的轴时，每个台阶的加工余量应根据该台阶的直径 d 及零件的全长 L 分别选用。

2. 表中的公差系指尺寸 L 的公差，当原公差大于该公差时，尺寸公差为原公差数值。

3. 加工套类零件时，余量值可适当增加，薄壁套应由冷热工艺员商定。

4. 本表摘自《机械加工余量实用手册》（表5-24）。

表 3-13　轴类零件在精车端面后，经淬火的端面磨削加工余量　（单位：mm）

<table>
<tr><th rowspan="3">零件直径 d</th><th colspan="6">零件全长 L</th></tr>
<tr><th>≤18</th><th>>18～50</th><th>>50～120</th><th>>120～260</th><th>>260～500</th><th>>500</th></tr>
<tr><th colspan="6">余量 a</th></tr>
<tr><td>≤30</td><td>0.1</td><td>0.1</td><td>0.1</td><td>0.15</td><td>0.15</td><td>0.20</td></tr>
<tr><td>>30～50</td><td>0.15</td><td>0.15</td><td>0.15</td><td>0.15</td><td>0.20</td><td>0.25</td></tr>
<tr><td>>50～120</td><td>0.2</td><td>0.2</td><td>0.2</td><td>0.25</td><td>0.25</td><td>0.30</td></tr>
<tr><td>>120～260</td><td>0.25</td><td>0.25</td><td>0.25</td><td>0.30</td><td>0.30</td><td>0.35</td></tr>
<tr><td>>260</td><td>0.25</td><td>0.25</td><td>0.25</td><td>0.30</td><td>0.30</td><td>0.40</td></tr>
</table>

注：1. 加工有台阶的轴时，每个台阶的加工余量应根据其直径 d 及零件阶梯长 L 分别选用。

2. 在加工过程中一次精磨至尺寸时，其余量按上表减半选用。

3. 本表摘自《机械加工余量手册》（表 5-26）。

表 3-14　轴类零件在粗车外圆后，精车外圆的加工余量（不经热处理）（单位：mm）

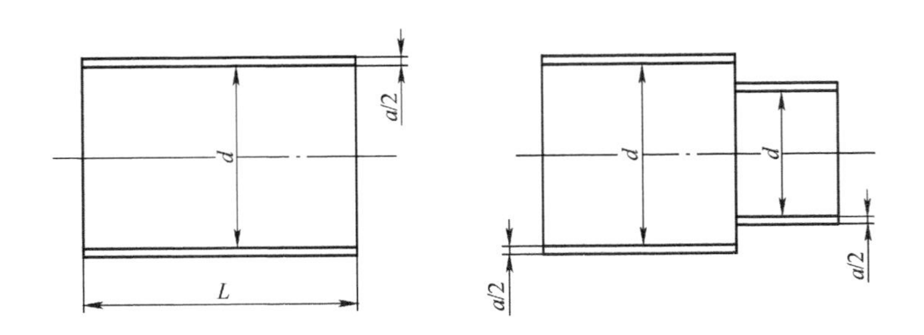

<table>
<tr><th rowspan="3">轴的直径
d</th><th colspan="6">零件长度 L</th><th rowspan="3">粗车外圆的公差
IT12</th></tr>
<tr><th>≤100</th><th>>100～250</th><th>>250～500</th><th>>500～800</th><th>>800～1200</th><th>>1200～2000</th></tr>
<tr><th colspan="6">直径余量 a</th></tr>
<tr><td>≤10</td><td>0.8</td><td>1.0</td><td rowspan="2">1.3</td><td>—</td><td rowspan="2">—</td><td rowspan="3">—</td><td>0.15</td></tr>
<tr><td>>10～18</td><td>0.9</td><td>1.2</td><td>1.4</td><td>0.18</td></tr>
<tr><td>>18～30</td><td>1.2</td><td rowspan="2">1.3</td><td rowspan="2">1.4</td><td rowspan="2">1.7</td><td>1.8</td><td>0.21</td></tr>
<tr><td>>30～50</td><td>1.3</td><td>2.0</td><td>2.2</td><td>0.25</td></tr>
<tr><td>>50～80</td><td rowspan="2">1.4</td><td>1.4</td><td rowspan="2">1.6</td><td rowspan="2">1.8</td><td rowspan="2">2.1</td><td>2.3</td><td>0.30</td></tr>
<tr><td>>80～120</td><td rowspan="2">1.6</td><td>2.5</td><td>0.35</td></tr>
<tr><td>>120～180</td><td>1.6</td><td>1.7</td><td>2.0</td><td>2.2</td><td rowspan="2">2.6</td><td>0.40</td></tr>
<tr><td>>180～260</td><td rowspan="2">1.7</td><td>1.7</td><td>1.8</td><td>2.1</td><td>2.3</td><td>0.46</td></tr>
<tr><td>>260～360</td><td>1.8</td><td rowspan="2">2.0</td><td rowspan="2">2.2</td><td rowspan="2">2.5</td><td>2.7</td><td>0.52</td></tr>
<tr><td>>360～500</td><td>1.8</td><td>2.0</td><td>2.9</td><td>0.63</td></tr>
</table>

注：1. 当工艺有特殊要求时（如需中间热处理）可不按本表规定。

2. 决定加工余量的折算长度与装卡方式有关，见表 3-7。

3. 本表摘自《机械加工余量实用手册》（表 5-14），余量值已修改。

表 3-15　轴类零件在粗车外圆后正火，精车外圆的加工余量　（单位：mm）

轴的直径 d	余量极限	零件长度 L			
		≤300	>300~500	>500~1000	>1000~1600
		直径余量 a			
≥6~18	最小 ↓ 最大	1.5~2	2.5~3.0		
>18~50		1.5~2.5	2.5~3.0	3.0~3.5	3.0~3.5
>50~120		2.8~3.2	3.0~3.5	3.0~3.5	3.5~4.0
>120~240		3.0~3.5	3.2~3.8	3.5~4.0	4.0~5.5
>240~350		4.0~5.0	4.5~6.0	4.5~6.0	6.0~7.5
>350~500		4.0~5.0	5.0~6.0	5.0~6.0	6.0~7.5
>500		5.0~6.0	6.0~8.0	6.0~8.0	6.0~10

注：1. 决定加工余量用的长度与装卡方式有关，见本书表 3-7。

2. 本表摘自《机械加工余量实用手册》（表 5-15）部分。

表 3-16　轴类零件在粗车外圆后调质，精车外圆的加工余量　（单位：mm）

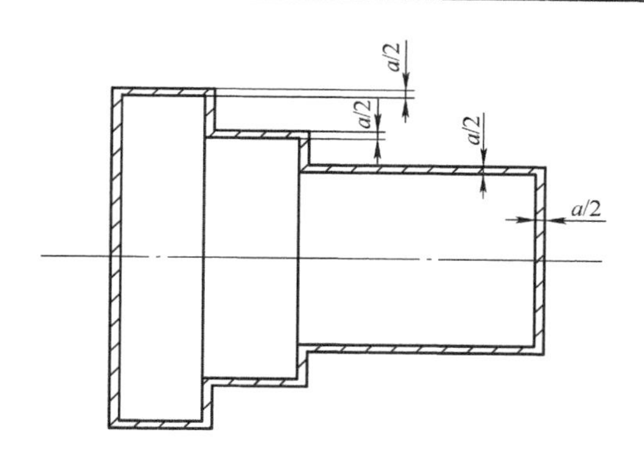

d / a / L	≤50	>50~100	>100~200	>200~300	>400
≤250	2.5~3	3~3.5	3.5~4	3~4	3~4
>250~500	3.5~4	4~5	4~5	4~5	4~5
>500~1000	4~6	5~6	5~6	5~6	—
>1000~1500	6~8	6~7	6~7	6~9	—
>1500~2000	—				

注：1. 一般小件均为毛坯调质，仅在必须粗加工后调质时才考虑选用上列数值。对于 d≤50mm 的零件，当 L/d≤6 时，a=2~3；L/d≥6~15 时，a=3~5；L/d≥15 时，a=4~6。

2. 台阶轴的直径按中间直径为准。

3. 本表参考《机械加工余量实用手册》（表 5-23）编制。

表 3-17　轴类零件磨削加工余量　（单位：mm）

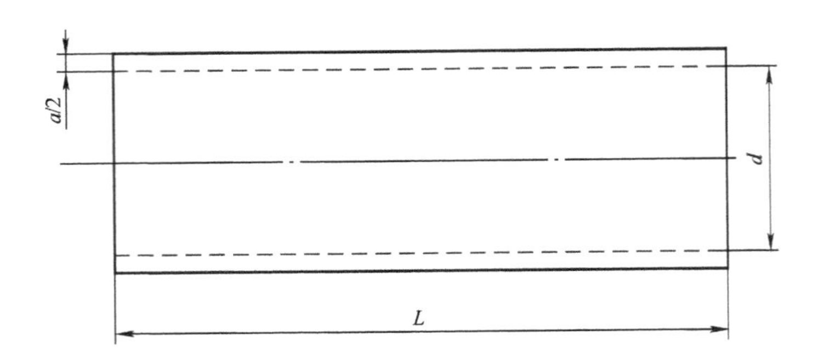

轴的直径 d	磨削性质	轴的性质	轴的长度 L						磨前公差
			≤100	>100～250	>250～500	>500～800	>800～1200	>1200～2000	
			直径余量 a						
≤10	中心磨	未淬硬	0.2	0.2	0.3	—	—	—	0～0.009
		淬硬	0.3	0.3	0.4	—	—	—	
	无心磨	未淬硬	0.2	0.2	0.2	—	—	—	
		淬硬	0.3	0.3	0.4	—	—	—	
>10～18	中心磨	未淬硬	0.2	0.3	0.3	0.3	—	—	0～0.11
		淬硬	0.3	0.3	0.4	0.5	—	—	
	无心磨	未淬硬	0.2	0.2	0.2	0.3	—	—	
		淬硬	0.3	0.3	0.4	0.5	—	—	
>18～30	中心磨	未淬硬	0.3	0.3	0.3	0.4	0.4	—	0～0.13
		淬硬	0.3	0.4	0.4	0.5	0.6	—	
	无心磨	未淬硬	0.3	0.3	0.3	0.3	—	—	
		淬硬	0.3	0.4	0.4	0.5	—	—	
>30～50	中心磨	未淬硬	0.3	0.3	0.4	0.5	0.6	0.6	0～0.16
		淬硬	0.4	0.4	0.5	0.6	0.7	0.7	
	无心磨	未淬硬	0.3	0.3	0.3	0.4	—	—	
		淬硬	0.4	0.4	0.5	0.5	—	—	
>50～80	中心磨	未淬硬	0.3	0.4	0.4	0.5	0.6	0.7	0～0.19
		淬硬	0.4	0.5	0.5	0.6	0.8	0.9	
	无心磨	未淬硬	0.3	0.3	0.3	0.4	—	—	—
		淬硬	0.4	0.5	0.5	0.6	—	—	

注：本表摘自《机械加工余量实用手册》（表5-18）。

表 3-18　轴类零件在粗磨后，精磨的加工余量　（单位：mm）

粗磨留的加工余量		<0.40	0.40～0.55	0.55～0.70	0.70～0.85	0.85～1.00	1.00～1.30
直径上的加工余量	一般	0.10	0.10	0.15	0.15	0.20	0.20
	精磨前油煮定性	0.15	0.15	0.20	0.20	0.25	0.25
最大公差		0.05	0.05	0.05	0.08	0.08	0.10

注：1. 氮化处理零件的加工余量应根据氮化层深度决定。
2. 本表摘自《机械加工余量实用手册》（表 5-22）。

表 3-19　轴类零件的研磨余量　（单位：mm）

直径	直径余量	直径	直径余量
≤10	0.005～0.008	>50～80	0.008～0.012
>10～18	0.006～0.008	>80～120	0.010～0.014
>18～30	0.007～0.010	>120～180	0.012～0.016
>30～50	0.008～0.010	>180～260	0.015～0.020

注：1. 经过精磨的工件，手工研磨余量为 3～8μm，机械研磨余量为 8～15μm。
2. 本表摘自《机械加工余量实用手册》（表 5-19）。

表 3-20　轴类零件抛光的加工余量　（单位：mm）

零件直径	≤100	>100～200	>200～700	>700
直径余量	0.005	0.008	0.010	0.015

注：1. 抛光前的公差 h7。
2. 本表摘自《机械加工余量实用手册》（表 5-20）。

表 3-21　轴类零件切除渗碳层的加工余量　（单位：mm）

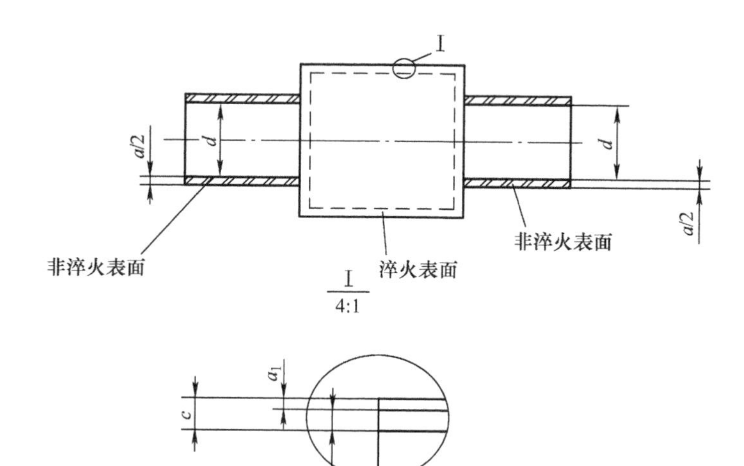

d—直径尺寸，a—切除余量，c—渗碳深度，
c_1—图样要求的渗碳层最大深度，a_1—淬火后磨量

（续）

淬火层深度 c	表面性质	尺寸范围 d							
		≤30	>30～50	>50～80	>80～120	>120～180	>180～260	>260～360	>360～500
		余量							
0.4～0.6	内外圆	1.8	2.0	2.0	2.2	2.2	—	—	—
	端平面	1.2	1.2	1.4	1.4	1.6	—	—	—
0.6～0.8	内外圆	2.4	2.4	2.6	2.6	3.0	3.0	—	—
	端平面	1.4	1.4	1.8	1.8	2.0	2.0	—	—
0.8～1.1	内外圆	3.0	3.2	3.2	3.6	3.8	3.8	4.0	—
	端平面	1.8	1.8	1.8	2.0	2.2	2.4	2.4	—
1.1～1.4	内外圆	3.8	3.8	4.2	4.2	4.8	4.4	4.8	4.8
	端平面	2.2	2.2	2.2	2.4	2.4	2.4	2.8	2.8
1.4～1.8	内外圆	4.8	4.8	5.0	5.0	5.4	5.4	5.8	5.8
	端平面	2.6	2.6	2.6	3.0	3.0	3.0	3.2	3.2

注：1. 选择余量时，先根据零件要求的渗碳深度 c_1 加上该渗碳表面淬火后的磨量 a_1，作为本表中的渗碳深度 c，即 $c=c_1+a_1$。

2. 非淬火表面在渗碳前需将表面按本表数值加厚，在渗碳后去除该层金属再进行淬火。

3. 表中数据仅为切除渗碳层的单工序余量，适用于内外圆、端面及平面。内外圆为直径余量，端面和平面为单边余量。

4. 表列数值对内外圆防渗碳深度为最小值，视长体零件防渗碳层适当加大，例如，工序加防渗碳层必须加厚。

5. 本表摘自《机械加工余量实用手册》（表5-30）。

2. 孔的加工方法及工序间余量

表3-22　在钻床上用钻模加工孔（$L<5d$）

孔的公差等级	孔的毛坯性质	
	在实体材料上制孔	预先铸出或热冲出孔
IT12～IT13	一次钻孔	用车刀或扩孔钻镗孔
IT11	孔径≤10mm（一次钻孔）；孔径＝10～30mm（钻孔及扩孔）；孔径30～80mm（钻孔、扩钻及扩孔，或钻孔有扩孔刀或车刀镗孔及扩孔）	孔径≤80mm 粗扩和精扩；或用车刀粗镗和精镗；或根据余量一次镗孔或扩孔
IT10～IT9	孔径≤10mm（钻孔及铰孔）；孔径＝10～30mm（钻孔、扩孔及铰孔）；孔径≥30～80mm，（钻孔、扩孔，扩钻及铰孔或钻孔用扩孔刀镗刀扩孔及铰孔）	孔径≤80mm扩孔（一次或二次，根据余量而定）及铰孔或用车刀镗孔（一次或二次，根据余量而定）及铰孔
IT8－IT7	孔径≤10mm（钻孔及一次和二次铰孔）；孔径＝10～30mm（钻孔、扩孔及一次或二次铰孔）；孔径≥30～80mm，（钻孔，扩钻（或扩孔刀镗孔），扩孔一次或二次铰孔）	孔径≤80mm，扩孔（一次或二次，根据余量而定）或用车刀镗孔（一次或二次，根据余量而定）及一次或二次铰孔

注：当孔径≤30mm，直径余量≤4mm和孔径＝30～80mm，直径余量≤6mm时，采用一次扩孔或一次镗孔。

表 3-23　在车床或另一些机床上加工孔（$L<3d$）

孔的公差等级	孔的毛坯性质	
	在实体材料上制孔	预先铸出或热冲出孔
IT12 ~ IT13	一次钻孔	用车刀或扩孔钻镗孔
IT11	孔径≤10mm（用定心钻及钻头钻孔）；孔径 >10 ~ 30mm（有定心钻及钻头钻孔和用扩孔刀或车刀，扩孔钻镗孔）孔径 30 ~ 80mm（用定心钻及钻头钻孔扩钻和扩孔或用定心钻及钻头钻孔及用车刀镗孔）	一次或二次扩孔（根据余量而定），用车刀一次或二次镗孔
IT10 ~ IT9	孔径≤10mm（用定心钻和钻头钻孔及铰孔）；孔径 >10 ~ 30mm 用定心钻钻头钻孔、扩孔及铰孔、用定心钻和钻头钻孔，用车刀或扩孔刀镗孔及铰孔；孔径≥ 30 ~ 80mm 用定心钻和钻头钻孔、扩钻，扩孔及铰孔用定心钻和钻头钻孔，用车刀或扩孔刀镗孔及铰孔用定心钻和钻头钻孔，用车刀镗孔（或扩孔及磨孔） 用定心钻和钻头钻孔及拉孔	扩孔及铰孔用车刀镗孔及铰孔粗镗孔、精镗孔（不铰）粗镗孔、精镗孔及磨孔，用车刀镗孔及拉孔
IT8 ~ IT7	孔径≤10mm 用定心钻和钻头钻孔，粗铰（或用扩孔刀镗孔及精铰）；孔径 >10 ~ 30mm 用定心钻和钻头钻孔，扩孔（或用车刀镗孔），精铰（或用扩孔刀镗孔）精铰，或用定心钻和钻头钻孔，用车刀或扩孔钻镗孔及磨孔用定心钻和钻头钻孔及拉孔；孔径≥30 ~ 80mm 用定心钻和钻头钻孔、扩钻、扩孔、粗精铰孔，用定心钻和钻头钻孔，用车刀镗孔、粗铰（或用扩孔刀镗孔及粗铰），用定心钻和钻头钻孔，用车刀或扩孔钻镗孔及磨孔，用定心钻和钻头钻孔及拉孔	孔径≤80mm 一至二次扩孔（根据余量而定），粗铰（或用扩孔刀镗孔）及精铰；用车刀镗孔、粗铰（或用扩孔刀镗孔及精铰）粗镗、半精镗、精镗，用车刀镗孔及拉孔粗镗、半精镗、磨孔；孔径 >80mm 用车刀粗镗、精镗、铰孔，粗镗、半精镗、精镗，粗精镗、磨孔
IT6 ~ IT5	最后工序应该是用金刚石细镗、精磨	

注：1. 用定心钻钻孔仅用于车床、转塔车床及自动车床上。

2. 当孔径≤30mm，直径余量≤4mm 和孔径 >30 ~ 80mm，直径余量≤6mm 时，采用一次扩孔或一次镗孔。

表 3-24　基孔制 7 级精度（H7）孔的加工方法及加工余量　　（单位：mm）

孔的公称直径	孔径					
	钻		用车刀镗以后	扩孔钻	粗　铰	精　铰
	第一次	第二次				
3	2.9	—	—	—	—	3H7
4	3.9	—	—	—	—	4H7
5	4.8	—	—	—	—	5H7
6	5.8	—	—	—	—	6H7
8	7.8	—	—	—	7.96	8H7
10	9.8	—	—	—	9.96	10H7
12	11	—	—	11.85	11.95	12H7
13	12	—	—	12.85	12.95	13H7
14	13	—	—	13.85	13.95	14H7

（续）

孔的公称直径	孔径					
	钻		用车刀镗以后	扩孔钻	粗　铰	精　铰
	第一次	第二次				
15	14	—	—	14.85	14.95	15H7
16	15	—	—	15.85	15.95	16H7
18	17	—	—	17.85	17.94	18H7
20	18	—	19.8	19.8	19.94	20H7
22	20	—	21.8	21.8	21.94	22H7
24	22	—	23.8	23.8	23.94	24H7
25	23	—	24.8	24.8	24.94	25H7
26	24	—	25.8	25.8	25.94	26H7
28	26	—	27.8	27.8	27.94	28H7
30	15	28	29.8	29.8	29.93	30H7
32	15	30	31.7	31.75	31.93	32H7
35	20	33	34.7	34.75	34.93	35H7
38	20	36	37.7	37.75	37.93	38H7
40	25	38	39.7	39.75	39.93	40H7
42	25	40	41.7	41.75	41.93	42H7
45	25	43	44.7	44.75	44.93	45H7
48	25	46	47.7	47.75	47.93	48H7
50	25	48	49.7	49.75	49.93	50H7
60	25	55	59.7	59.5	59.9	60H7
70	30	65	69.5	69.5	69.9	70H7
80	30	75	79.5	79.5	79.9	80H7
90	30	80	89.3	—	89.9	90H7
100	30	80	99.3	—	99.8	100H7
120	30	80	119.3	—	119.8	120H7
140	30	80	139.3	—	139.8	140H7
160	30	80	159.3	—	159.8	160H7
180	30	80	179.3	—	179.8	180H7

注：1. 在铸铁上加工直径小于15mm的孔时，不用扩孔钻和镗孔。

2. 在铸铁上加工直径为30mm与32mm的孔时，仅用直径为28mm与30mm的钻头各钻一次。

3. 如仅用一次铰孔，则铰孔的加工余量为本表中粗铰与精铰的加工余量之和。

4. 钻头直径大于75mm时，采用环孔钻。

5. 若用磨削或金刚石细镗作最后加工方法，其精镗后直径应根据《机械加工工艺手册》表3-26、表3-27分别查得。

6. 本表摘自《机械加工工艺手册》第一卷（表3.2-9）。

表 3-25　基孔制 8 级精度（H8）孔的加工方法及加工余量　（单位：mm）

孔的公称直径	孔径				
	钻		用车刀镗以后	扩孔钻	精　铰
	第一次	第二次			
3	2.9	—	—	—	3H8
4	3.9	—	—	—	4H8
5	4.8	—	—	—	5H8
6	5.8	—	—	—	6H8
8	7.8	—	—	—	8H8
10	9.8	—	—	—	10H8
12	11.8	—	—	—	12H8
14	13.8	—	—	—	14H8
15	14.8	—	—	—	15H8
16	15	—	—	15.85	16H8
18	17	—	—	17.85	18H8
20	18	—	19.8	19.8	20H8
22	20	—	21.8	21.8	22H8
24	22	—	23.8	23.8	24H8
25	23	—	24.8	24.8	25H8
26	24	—	25.8	25.8	26H8
28	26	—	27.8	27.8	28H8
30	15	28	29.8	29.8	30H8
32	15	30	31.7	31.75	32H8
35	20	33	34.7	34.75	35H8
38	20	36	37.7	37.75	38H8
40	25	38	39.7	39.75	40H8
42	25	40	41.7	41.75	42H8
45	25	43	44.7	44.75	45H8
48	25	46	47.7	47.75	48H8
50	25	48	49.7	49.75	50H8
60	30	55	59.5	59.75	60H8
70	30	65	69.5	69.75	70H8
80	30	75	79.5	79.75	80H8
90	30	80	89.3	—	90H8
100	30	80	99.3	—	100H8

（续）

孔的公称直径	孔径				
	钻		用车刀镗以后	扩孔钻	精铰
	第一次	第二次			
120	30	80	119.3	—	120H8
140	30	80	139.3	—	140H8
160	30	80	159.3	—	160H8
180	30	80	179.3	—	180H8

注：1. 在铸铁上加工直径为30mm与32mm的孔时，仅用直径为28mm与30mm的钻头各钻一次。
2. 钻头直径大于75mm时，采用环孔钻。
3. 用磨削或金刚石细镗作最后加工方法，其精镗后的直径应根据《机械加工工艺手册》表3-26、表3-27分别查得。
4. 本表摘自《机械加工工艺手册》第一卷（表3.2-10）。

表3-26 磨孔的加工余量 a （单位：mm）

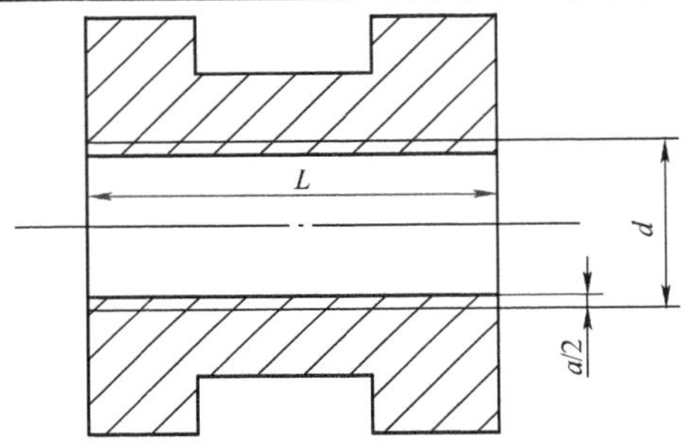

孔径 d	零件性质	磨孔的长度 L					磨孔前公差
		≤50	>50～100	>100～200	>200～300	>300～500	
≤10	未淬硬	0.2	—	—	—	—	0.09
	淬硬	0.25	—	—	—	—	
>10～18	未淬硬	0.2	0.3	—	—	—	0.11
	淬硬	0.3	0.35	—	—	—	
>18～30	未淬硬	0.3	0.3	0.4	—	—	0.13
	淬硬	0.3	0.35	0.45	—	—	
>30～50	未淬硬	0.3	0.3	0.4	0.4	—	0.16
	淬硬	0.35	0.4	0.45	0.5	—	
>50～80	未淬硬	0.4	0.4	0.4	0.4	—	0.19
	淬硬	0.45	0.5	0.5	0.55	—	
>80～100	未淬硬	0.5	0.5	0.5	0.6	0.6	0.22
	淬硬	0.55	0.55	0.6	0.65	0.7	
>120～180	未淬硬	0.5	0.5	0.5	0.6	0.6	0.25
	淬硬	0.55	0.55	0.6	0.65	0.7	

（续）

孔径 d	零件性质	磨孔的长度 L					磨孔前公差
		≤50	>50～100	>100～200	>200～300	>300～500	
>180～260	未淬硬	0.6	0.6	0.7	0.7	0.7	0.29
	淬硬	0.65	0.65	0.7	0.75	0.8	
>260～360	未淬硬	0.7	0.7	0.7	0.8	0.8	0.32
	淬硬	0.7	0.75	0.8	0.8	0.9	
>360～500	未淬硬	0.7	0.8	0.8	0.8	0.8	0.36
	淬硬	0.8	0.8	0.8	0.9	1.0	

注：1. 当加工在热处理时易变形的、薄的轴套等零件时，应将表中的加工余量数值乘以 1.3。
2. 在单件小批生产时，本表的数值乘以 1.3，并化成一位小数，例如，0.3mm × 1.3 = 0.39mm，采用 0.4mm（四舍五入）。
3. 本表摘自《金属机械加工工艺人员手册》（表 8-23）。

表 3-27　金刚石细镗孔的加工余量　（单位：mm）

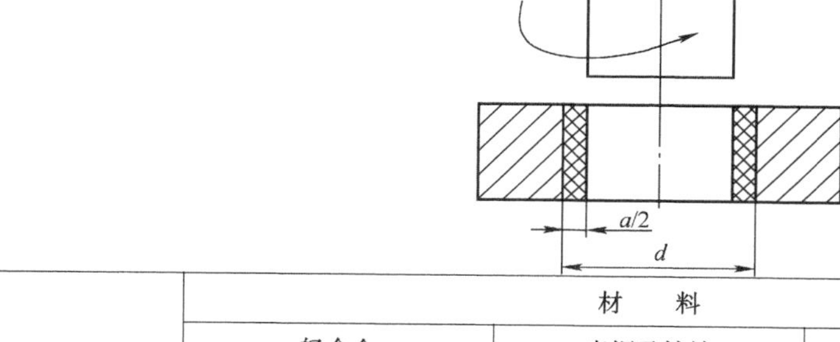

孔径 d	材料						细镗前公差
	轻合金		青铜及铸铁		钢		
	加工性质						
	粗加工	精加工	粗加工	精加工	粗加工	精加工	
	直径余量 a						
≤30	0.2	0.1	0.2	0.1	0.2	0.1	0.033
>30～50	0.3	0.1	0.3	0.1	0.2	0.1	0.039
>50～80	0.4	0.1	0.3	0.1	0.2	0.1	0.046
>80～120	0.4	0.1	0.3	0.1	0.3	0.1	0.054
>120～180	0.5	0.1	0.4	0.1	0.3	0.1	0.063
>180～260	0.5	0.1	0.4	0.1	0.3	0.1	0.072
>260～360	0.5	0.1	0.4	0.1	0.3	0.1	0.089
>360～500	0.5	0.1	0.5	0.2	0.4	0.1	0.097
>500～640	—	—	0.5	0.2	0.4	0.1	0.12
>640～800	—	—	0.5	0.2	0.4	0.1	0.125
>800～1000	—	—	0.5	0.2	0.5	0.2	0.14

注：1. 加工前公差数值为推荐值。
2. 当采用一次镗削时，加工余量应该是粗加工余量加工上精加工余量。
3. 本表摘自《机械加工余量实用手册》（表 5-42）。

3. 平面的加工方法及工序间余量

平面加工余量按表3-28～表3-30确定。

表3-28 平面粗加工余量 （单位：mm）

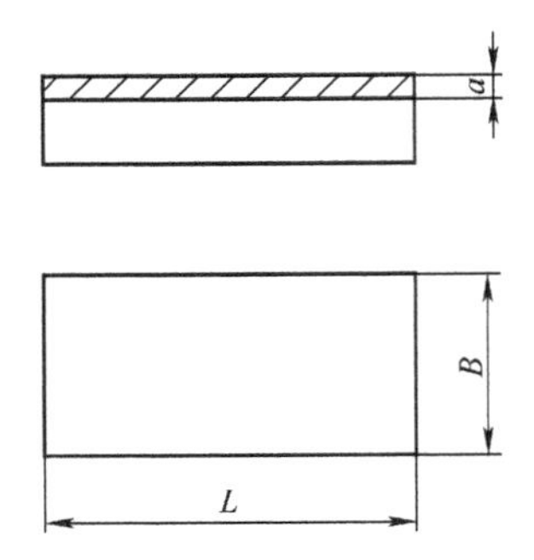

长度与宽度 $L\times B$	500×500	1000×1000	2000×1500	4000×2000	4000×2000以上
每边留量 a	3	4	5	6	8
有人工时效每边留量 a	4	5	7	10	12

注：1. 适用于粗精加工分开，自然时效、人工时效。
2. 不适用于很容易变形的零件。
3. 上表留量按工件长度 L 选取，但宽度 B 不超出规定的数值。
4. 如工件长4000mm，宽1000mm，每边留量为6mm；如工件宽为3000mm时，则每边留量为8mm。
5. 本表摘自《机械加工余量实用手册》（表5-47）。

表3-29 平面表面淬火前留加工余量 （单位：mm）

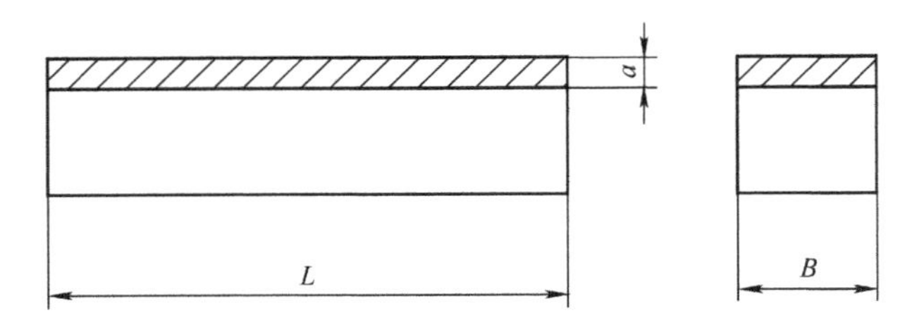

平面宽度 B	≤300	>300～500
平面长度 L	平面留量 a	
≤300	0.5	—
>300～1000	0.7	0.9
>1000～2000	1	1.2
允差偏差	±0.1	±1.1

注：本表摘自《机械加工余量实用手册》（表5-48）。

表 3-30　平面的精加工余量（刨、铣、刮、磨）　　（单位：mm）

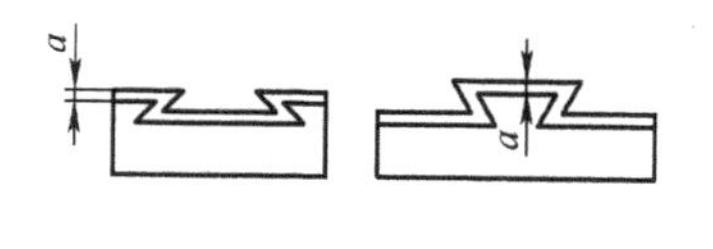

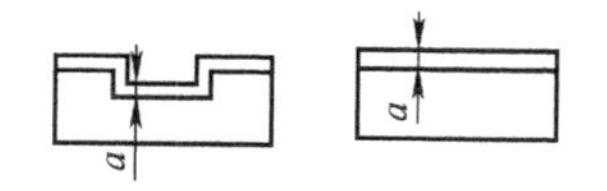

加工性质	被加工表面的长度	被加工表面宽度					
		≤100		>100～300		>300～1000	
		余量 a	公差	余量 a	公差	余量 a	公差
粗加工后精刨或精铣	≤300	1.0	0.3	1.5	0.5	2.0	0.7
	>300～1000	1.5	0.5	2.0	0.7	2.1	1.0
	>1000～2000	2.0	0.7	2.1	1.2	3.0	1.2
	>2000～4000	2.5	1.0	3.0	1.5	3.5	1.6
	>4000～6000	—	—	—	—	4.0	2.0
未经校准的磨削	≤300	0.3	0.1	0.4	0.12	1	1
	>300～1000	0.4	0.12	0.5	0.15	0.6	0.15
	>1000～2000	0.5	0.15	0.6	0.15	0.7	0.15
装置在夹具中或用千分表校准的磨削	≤300	0.2	0.1	0.25	0.12	1	1
	>300～1000	0.25	0.12	0.3	0.15	0.4	0.15
	>1000～2000	0.3	0.15	0.4	0.15	0.4	0.15
刮	>100～300	0.1	0.06	0.15	0.06	0.2	0.1
	>300～1000	0.15	0.1	0.2	0.1	0.25	0.12
	>1000～2000	0.2	0.12	0.25	0.12	0.35	0.15
	>2000～4000	0.25	0.17	0.3	0.17	0.4	0.2
	>4000～6000	0.3	0.22	0.4	0.22	0.5	0.25

注：1. 如数个零件同时加工时，以总的刀具控制面积计算长度。
2. 当精刨、精铣时，最后一次走刀前留余量 $a \geq 0.5$mm。
3. 磨削及刮削余量和公差用于有公差的表面的加工，其他尺寸按自由尺寸的公差进行加工，热处理后磨削表面余量可适当加工。
4. 本表摘自《机械加工余量实用手册》（表 5-49）。

4. 关于机械加工工序间余量的几点说明

（1）适用范围　本节所述的加工余量，适用于一般精度、刚性较好，没有相同工序（如粗车、调质、半精车、淬火、粗磨、油煮定性、半粗磨、研磨）的零件，对于关键性精密零件（如主轴、丝杠等）或刚性差的零件中关键性精密尺寸，由于需采用多次相同性质的加工，其加工余量应根据具体情况考虑，不能完全搬用。

经热处理后零件的加工余量，除本节已注明的外，应考虑热处理变形数值，如有特殊要求应在工艺卡片上注明，并相应提出中间工序要求。

（2）加工余量选择原则

1）采用最小的加工余量，以求缩短加工时间，并降低零件的制造费用。

2）应有充分的加工余量，加工余量应能保证得到图样上所规定的表面粗糙度及精度。

3）决定加工余量时应考虑到零件热处理时引起的变形，否则可能产生废品。

4）决定加工余量时应考虑到所采用的加工方法和设备，以及加工过程中零件可能发生的变形。

5）决定加工余量时应考虑到被加工零件的大小，零件越大则加工余量也越大，因为零件的尺寸增大后，由切削力、内应力等引起变形的可能性也增加。

（3）中间工序公差的选择原则

1）公差不应超出经济的加工精度范围。

2）选择公差时应考虑加工余量的大小，因为公差的界限决定加工余量的极限尺寸。

3）选择公差应根据零件的最后精度。

4）选择公差时应考虑生产批量的大小，对单件小批生产的零件允许选择大的数值。

（四）切削用量的选择

表3-31～表3-35分别列出了几种主要工艺的切削用量，供拟订工艺规程时参考。

表3-31　硬质合金车刀粗车外圆及端面的进给量

工件材料	车刀刀杆尺寸/mm	工件直径/mm	背吃刀量 a_p/mm				
			≤3	>3～5	>5～8	>8～12	>12
			进给量 f/(mm/r)				
碳素结构钢、合金结构钢及耐热钢	16×25	20	0.3～0.4	—	—	—	—
		40	0.4～0.5	0.3～0.4	—	—	—
		60	0.5～0.7	0.4～0.6	0.3～0.5	—	—
		100	0.6～0.9	0.5～0.7	0.5～0.6	0.4～0.5	—
		400	0.8～1.2	0.7～1.0	0.6～0.8	0.5～0.6	—
	20×30 25×25	20	0.3～0.4	—	—	—	—
		40	0.4～0.5	0.3～0.4	—	—	—
		60	0.6～0.7	0.5～0.7	0.4～0.6	—	—
		100	0.8～1.0	0.7～0.9	0.5～0.7	0.4～0.7	—
		400	1.2～1.4	1.0～1.2	0.8～1.0	0.6～0.9	0.4～0.6
铸铁及铜合金	16×25	40	0.4～0.5	—	—	—	—
		60	0.6～0.8	0.5～0.8	0.4～0.6	—	—
		100	0.8～1.2	0.7～1.0	0.6～0.8	0.5～0.7	—
		400	1.0～1.4	1.0～1.2	0.8～1.0	0.6～0.8	—
	20×30 25×25	40	0.4～0.5	—	—	—	—
		60	0.6～0.9	0.5～0.8	0.4～0.7	—	—
		100	0.9～1.3	0.8～1.2	0.7～1.0	0.5～0.8	—
		400	1.2～1.8	1.2～1.6	1.0～1.3	0.9～1.1	0.7～0.9

注：加工断续表面及有冲击的工件时，表内进给量应乘系数 k=0.75～0.85。

表 3-32　车削加工的切削速度参考值

加工材料		硬度 HBW	背吃刀量 a_p /mm	高速钢刀具 v_c /(m/min)	高速钢刀具 f/ (mm/r)	硬质合金刀具 未涂层 v_c/(m/min) 焊接式	硬质合金刀具 未涂层 v_c/(m/min) 可转位	硬质合金刀具 未涂层 f/ (mm/r)	硬质合金刀具 涂层 材料	硬质合金刀具 涂层 v_c/ (m/min)	硬质合金刀具 涂层 f/(mm/r)	陶瓷（超硬材料）刀具 v_c/(m/min)	陶瓷（超硬材料）刀具 f /(mm/r)	说明
易切碳钢	低碳	100	1	55 ~ 90	0.18 ~ 0.2	185 ~ 240	220 ~ 275	0.18	YT15	320 ~ 410	0.18	550 ~ 700	0.13	
		~	4	41 ~ 70	0.40	135 ~ 185	160 ~ 215	0.50	YT14	215 ~ 275	0.40	425 ~ 580	0.25	
		200	8	34 ~ 55	0.50	110 ~ 145	130 ~ 170	0.75	YT5	170 ~ 220	0.50	335 ~ 490	0.40	
	中碳	175	1	52	0.20	165	200	0.18	YT15	305	0.18	520	0.13	
		~	4	40	0.40	125	150	0.50	YT14	200	0.40	395	0.25	
		225	8	30	0.50	100	120	0.75	YT5	160	0.50	305	0.40	
碳钢	低碳	125	1	43 ~ 46	0.18	140 ~ 150	170 ~ 195	0.18	YT15	260 ~ 290	0.18	520 ~ 580	0.13	切削条件较好时可用冷压 Al_2O_3 陶瓷，切削条件较差时宜用 Al_2O_3 + TiC 热压混合陶瓷
		~	4	33 ~ 34	0.40	115 ~ 125	135 ~ 150	0.50	YT14	170 ~ 190	0.40	365 ~ 425	0.25	
		225	8	27 ~ 30	0.50	88 ~ 100	105 ~ 120	0.75	YT5	135 ~ 150	0.50	275 ~ 365	0.40	
	中碳	175	1	34 ~ 40	0.18	115 ~ 130	150 ~ 160	0.18	YT15	220 ~ 240	0.18	460 ~ 520	0.13	
		~	4	23 ~ 30	0.40	90 ~ 100	115 ~ 125	0.50	YT14	145 ~ 160	0.40	290 ~ 350	0.25	
		275	8	20 ~ 26	0.50	70 ~ 78	90 ~ 100	0.75	YT5	115 ~ 125	0.50	200 ~ 260	0.40	
	高碳	175	1	30 ~ 37	0.18	115 ~ 130	140 ~ 155	0.18	YT15	215 ~ 230	0.18	460 ~ 520	0.13	
		~	4	24 ~ 27	0.40	88 ~ 95	105 ~ 120	0.50	YT14	145 ~ 150	0.40	275 ~ 335	0.25	
		275	8	18 ~ 21	0.50	69 ~ 76	84 ~ 95	0.75	YT5	115 ~ 120	0.50	185 ~ 245	0.40	
合金钢	低碳	125	1	41 ~ 46	0.18	135 ~ 150	170 ~ 185	0.18	YT15	220 ~ 235	0.18	520 ~ 580	0.13	
		~	4	32 ~ 37	0.40	105 ~ 120	135 ~ 145	0.50	YT14	175 ~ 190	0.40	365 ~ 395	0.25	
		225	8	24 ~ 27	0.50	84 ~ 95	105 ~ 115	0.75	YT5	135 ~ 145	0.50	275 ~ 335	0.40	
	中碳	175	1	34 ~ 41	0.18	105 ~ 115	130 ~ 150	0.18	YT15	175 ~ 200	0.18	460 ~ 520	0.13	
		~	4	26 ~ 32	0.40	85 ~ 90	105 ~ 120	0.40 ~ 0.50	YT14	135 ~ 160	0.40	280 ~ 360	0.25	
		275	8	20 ~ 24	0.50	67 ~ 73	82 ~ 95	0.50 ~ 0.75	YT5	105 ~ 120	0.50	220 ~ 265	0.40	
	高碳	175	1	30 ~ 37	0.18	105 ~ 115	135 ~ 145	0.18	YT15	175 ~ 190	0.18	460 ~ 520	0.13	
		~	4	24 ~ 27	0.40	84 ~ 90	105 ~ 115	0.50	YT14	135 ~ 150	0.40	275 ~ 335	0.25	
		275	8	18 ~ 21	0.50	66 ~ 72	82 ~ 90	0.75	YT5	105 ~ 120	0.50	215 ~ 245	0.40	
高强度钢		225	1	20 ~ 26	0.18	90 ~ 105	115 ~ 135	0.18	YT15	150 ~ 185	0.18	380 ~ 440	0.13	硬度大于300HBW时宜用W12Cr4-V5Co5及W2Mo9Cr-4VCo8
		~	4	15 ~ 20	0.40	69 ~ 84	90 ~ 105	0.40	YT14	120 ~ 135	0.40	205 ~ 265	0.25	
		350	8	12 ~ 15	0.50	53 ~ 66	69 ~ 84	0.50	YT5	90 ~ 105	0.50	145 ~ 205	0.4	

表 3-33　粗铣每齿进给量 f_z 的推荐值

刀具		材料	推荐进给量/（mm/z）
高速钢	圆柱铣刀	钢	0.1～0.15
		铸铁	0.12～0.20
	面铣刀	钢	0.04～0.06
		铸铁	0.15～0.20
	三面刃铣刀	钢	0.04～0.06
		铸铁	0.15～0.25
硬质合金铣刀		钢	0.1～0.20
		铸铁	0.15～0.30

表 3-34　铣削速度 v_c 的推荐值

工件材料	铣削速度/（m/min）		说　明
	高速钢铣刀	硬质合金铣刀	
20	20～45	150～190	1. 粗铣时取小值，精铣时取大值 2. 工件材料的强度和硬度高时取小值，反之取大值 3. 刀具材料的耐热性好取大值，耐热性差取小值
45	20～35	120～150	
40Cr	15～25	60～90	
HT150	14～22	70～100	
黄铜	30～60	120～200	
铝合金	112～300	400～600	
不锈钢	16～25	50～100	

表 3-35　高速钢钻头钻孔时的进给量

钻头直径 d_0/mm	钢 R_m≤784MPa 及铝合金			钢 R_m=784～981MPa			钢 R_m>981MPa			硬度不大于200HBW的灰铸铁及铜合金			硬度大于200HBW的灰铸铁		
	进给量的组别														
	Ⅰ	Ⅱ	Ⅲ	Ⅰ	Ⅱ	Ⅲ	Ⅰ	Ⅱ	Ⅲ	Ⅰ	Ⅱ	Ⅲ	Ⅰ	Ⅱ	Ⅲ
	进给量 f/(mm/r)														
2	0.05～0.06	0.04～0.05	0.03～0.04	0.04～0.05	0.03～0.04	0.02～0.03	0.03～0.04	0.03～0.04	0.02～0.03	0.09～0.11	0.06～0.08	0.05～0.06	0.05～0.07	0.04～0.05	0.03～0.04
4	0.08～0.10	0.05～0.08	0.04～0.05	0.06～0.08	0.04～0.06	0.03～0.04	0.04～0.06	0.04～0.05	0.03～0.04	0.18～0.22	0.13～0.17	0.09～0.11	0.11～0.13	0.08～0.10	0.05～0.07
6	0.14～0.18	0.11～0.13	0.07～0.09	0.10～0.12	0.07～0.09	0.05～0.06	0.08～0.10	0.06～0.08	0.04～0.05	0.27～0.33	0.20～0.24	0.13～0.17	0.18～0.22	0.13～0.17	0.09～0.11
8	0.18～0.22	0.13～0.17	0.09～0.11	0.13～0.15	0.09～0.11	0.06～0.08	0.11～0.13	0.08～0.10	0.05～0.07	0.36～0.44	0.27～0.33	0.18～0.22	0.22～0.26	0.16～0.20	0.11～0.13
10	0.22～0.28	0.16～0.20	0.11～0.13	0.17～0.21	0.13～0.15	0.08～0.11	0.13～0.17	0.10～0.12	0.07～0.09	0.47～0.57	0.35～0.43	0.23～0.29	0.28～0.34	0.21～0.25	0.13～0.17
13	0.25～0.31	0.19～0.23	0.13～0.15	0.19～0.23	0.14～0.18	0.10～0.12	0.15～0.19	0.12～0.14	0.08～0.10	0.52～0.64	0.39～0.47	0.26～0.32	0.31～0.39	0.23～0.29	0.15～0.19

（续）

钻头直径 d_0/mm	钢 R_m≤784MPa及铝合金			钢 R_m =784～981MPa			钢 R_m >981MPa			硬度不大于200HBW的灰铸铁及铜合金			硬度大于200HBW的灰铸铁		
	进给量的组别														
	Ⅰ	Ⅱ	Ⅲ	Ⅰ	Ⅱ	Ⅲ	Ⅰ	Ⅱ	Ⅲ	Ⅰ	Ⅱ	Ⅲ	Ⅰ	Ⅱ	Ⅲ
	进给量 f/(mm/r)														
16	0.31～0.37	0.22～0.27	0.15～0.19	0.22～0.28	0.17～0.21	0.12～0.14	0.18～0.22	0.13～0.17	0.09～0.11	0.61～0.75	0.45～0.56	0.31～0.37	0.37～0.45	0.27～0.33	0.18～0.22
20	0.35～0.43	0.26～0.32	0.18～0.22	0.26～0.32	0.20～0.24	0.13～0.17	0.21～0.25	0.15～0.19	0.11～0.13	0.70～0.86	0.52～0.64	0.35～0.43	0.43～0.53	0.32～0.40	0.22～0.26
25	0.39～0.47	0.29～0.35	0.20～0.24	0.29～0.35	0.22～0.26	0.14～0.18	0.23～0.29	0.17～0.21	0.12～0.14	0.78～0.96	0.58～0.72	0.39～0.47	0.47～0.57	0.35～0.43	0.23～0.29
30	0.45～0.55	0.33～0.41	0.22～0.28	0.32～0.40	0.24～0.30	0.16～0.20	0.27～0.33	0.20～0.24	0.13～0.17	0.9～1.1	0.67～0.83	0.45～0.55	0.54～0.66	0.4～0.5	0.27～0.33
>30 ≤60	0.6～0.7	0.45～0.55	0.30～0.35	0.4～0.5	0.30～0.35	0.20～0.25	0.3～0.4	0.22～0.30	0.16～0.23	1.0～1.2	0.8～0.9	0.5～0.6	0.7～0.8	0.5～0.6	0.35～0.40

钻孔深度的修正系数（第Ⅰ组进给量）

钻孔深度（以钻头直径为单位）	$3d_0$	$5d_0$	$7d_0$	$10d_0$
修正系数	1.0	0.9	0.8	0.75

注：选择进给量的工艺因素

【Ⅰ组】在刚性工件上钻无公差或IT12级以下及钻孔后尚需用几个刀具来加工的孔。

【Ⅱ组】1）在刚度不足的工件上（箱形的薄壁工件，工件上薄弱的凸出部分等）钻无公差的或IT12级以下的孔及钻孔以后尚需用几个刀具来加工的孔。2）丝锥攻螺纹前钻孔。

【Ⅲ组】1）钻精密孔（以后还需用一个扩孔钻或一个铰刀加工的）。2）在刚度差和支承面不稳定的工件上钻孔。3）孔的轴线和平面不垂直的孔。

注意：为了预防钻头的损坏，在孔钻穿时建议关闭自动进给。

（五）常用金属切削机床的主轴转速和进给量

为了方便工艺设计和夹具设计中切削用量的计算，表3-36列出了几种常见通用机床的主轴转速和进给量，供制定工艺规程时参考。

表3-36　常见通用机床的主轴转速和进给量

类别	型号	技术参数			
		主轴转速/（r/min）		进给量/（mm/r）	
车床	CA6140	正转	10、12.5、16、20、25、32、40、50、63、80、100、125、160、200、250、320、400、450、500、560、710、900、1120、1400	纵向（部分）	0.028、0.032、0.036、0.039、0.043、0.046、0.050、0.054、0.08、0.10、0.12、0.14、0.16、0.18、0.20、0.24、0.28、0.30、0.33、0.36、0.41、0.46、0.48、0.51、0.56、0.61、0.66、0.71、0.81、0.91、0.96、1.02、1.09、1.15、1.22、1.29、1.47、1.59、1.71、1.87、2.05、2.28、2.57、2.93、3.16、3.42…

（续）

类别	型号	技术参数			
		主轴转速/（r/min）		进给量/（mm/r）	
车床	CA6140	反转	14、22、36、56、90、141、226、362、565、633、1018、1580	横向（部分）	0.014、0.016、0.018、0.019、0.021、0.023、0.025、0.027、0.04、0.05、0.06、0.08、0.09、0.10、0.12、0.14、0.15、0.17、0.20、0.23、0.25、0.28、0.30、0.33、0.35、0.40、0.43、0.45、0.50、0.56、0.61、0.73、0.86、0.94、1.08、1.28、1.46、1.58…
	CM6125	正转	25、63、125、160、320、400、500、630、800、1000、1250、2000、2500、3150	纵向	0.02、0.04、0.08、0.10、0.20、0.40
				横向	0.01、0.02、0.04、0.05、0.10、0.20
	C365L	正转	44、58、78、100、136、183、238、322、430、550、745、1000	回转刀架纵向	0.07、0.09、0.13、0.17、0.21、0.28、0.31、0.38、0.41、0.52、0.56、0.76、0.92、1.24、1.68、2.29
		反转	48、64、86、110、149、200、261、352、471、604、816、1094	横刀架纵向	0.07、0.09、0.13、0.17、0.21、0.28、0.31、0.38、0.41、0.52、0.56、0.76、0.92、1.24、1.68、2.29
				横刀架横向	0.03、0.04、0.056、0.076、0.09、0.12、0.13、0.17、0.18、0.23、0.24、0.33、0.41、0.54、0.73、1.00
钻床	Z35（摇臂）	34、42、53、67、85、105、132、170、265、335、420、530、670、850、1051、1320、1700		0.03、0.04、0.05、0.07、0.09、0.12、0.14、0.15、0.19、0.20、0.25、0.26、0.32、0.40、0.56、0.67、0.90、1.2	
	Z525（立钻）	97、140、195、272、392、545、680、960、1360		0.10、0.13、0.17、0.22、0.28、0.36、0.48、0.62、0.81	
	Z535（立钻）	68、100、140、195、275、400、530、750、1100		0.11、0.15、0.20、0.25、0.32、0.43、0.57、0.72、0.96、1.22、1.60	
	Z512（台钻）	460、620、850、1220、1610、2280、3150、4250		手动	
镗床	T68（卧式）	20、25、32、40、50、64、80、100、125、160、200、250、315、400、500、630、800、1000		主轴	0.05、0.07、0.10、0.13、0.19、0.27、0.37、0.52、0.74、1.03、1.43、2.05、2.90、4.00、5.70、8.00、11.1、16.0
				主轴箱	0.025、0.035、0.05、0.07、0.09、0.13、0.19、0.26、0.37、0.52、0.72、1.03、1.42、2.00、2.90、4.00、5.60、8.00
	TA4280（坐标）	40、52、65、80、105、130、160、205、250、320、410、500、625、800、1000、1250、1600、2000		0.0426、0.069、0.100、0.153、0.247、0.356	

（续）

类别	型号	技术参数		
		主轴转速/（r/min）	进给量/（mm/r）	
铣床	X51（立式）	65、80、100、125、160、210、255、300、380、490、590、725、945、1225、1500、1800	纵向	35、40、50、65、85、105、125、165、205、250、300、390、510、620、755
			横向	25、30、40、50、65、80、100、130、150、190、230、320、400、480、585、765
			升降	12、15、20、25、33、40、50、65、80、95、115、160、200、290、380
	X63、X62W（卧式）	30、37.5、47.5、60、75、95、118、150、190、235、300、375、475、600、750、950、1180、1500	纵向及横向	23.5、30、37.5、47.5、60、75、95、118、150、190、235、300、375、475、600、750、950、1180

（六）尺寸公差与配合

1. 标准公差见表3-37；公差等级应用实例见表3-38。

表3-37　公称尺寸0～500mm，4～18级精度标准公差

公称尺寸/mm	公差等级														
	IT4	IT5	IT6	IT7	IT8	IT9	IT10	IT11	IT12	IT13	IT14	IT15	IT16	IT17	IT18
	公差值/μm								公差值/mm						
≤3	3	4	6	10	14	25	40	60	0.10	0.14	0.25	0.40	0.60	1.0	1.4
>3～6	4	5	8	12	18	30	48	75	0.12	0.18	0.30	0.48	0.75	1.2	1.8
>6～10	4	6	9	15	22	36	58	90	0.15	0.22	0.36	0.58	0.90	1.5	2.2
>10～18	5	8	11	18	27	43	70	110	0.18	0.27	0.43	0.70	1.10	1.8	2.7
>18～30	6	9	13	21	33	52	84	130	0.21	0.33	0.52	0.84	1.30	2.1	3.3
>30～50	7	11	16	25	39	62	100	160	0.25	0.39	0.62	1.00	1.60	2.5	3.9
>50～80	8	13	19	30	46	74	120	190	0.30	0.46	0.74	1.20	1.90	3.0	4.6
>80～120	10	15	22	35	54	87	140	220	0.35	0.54	0.87	1.40	2.20	3.5	5.4
>120～180	12	18	25	40	63	100	160	250	0.40	0.63	1.00	1.60	2.50	4.0	6.3
>180～250	14	20	29	46	72	115	185	290	0.46	0.72	1.15	1.85	2.90	4.6	7.2
>250～315	16	23	32	52	81	130	210	320	0.52	0.81	1.30	2.10	3.20	5.2	8.1
>315～400	18	25	36	57	89	140	230	360	0.57	0.89	1.40	2.30	3.60	5.7	8.9
>400～500	20	27	40	63	97	155	250	400	0.63	0.97	1.55	2.50	4.00	6.3	9.7

注：公称尺寸小于1mm时，无IT14～IT18。

表 3-38 公差等级的主要应用实例

公差等级	主要应用实例
IT01 ~ IT1	一般用于精密标准量块。IT1 也用于检验 IT6 和 IT7 级轴用量规的校对量规
IT2 ~ IT7	用于检验工件 IT5 ~ IT16 的量规的尺寸公差
IT3 ~ IT5（孔为 IT6）	用于精度要求很高的重要配合。例如，机床主轴与精密滚动轴承的配合、发动机活塞销与连杆孔和活塞孔的配合 配合公差很小，对加工要求很高，应用较少
IT6（孔为 IT7）	用于机床、发动机和仪表中的重要配合。例如，机床传动机构中的齿轮与轴的配合，轴与轴承的配合，发动机中活塞与气缸、曲轴与轴承、气阀杆与导套的配合等 配合公差较小，一般精密加工能够实现，在精密机械中广泛应用
IT7，IT8	用于机床和发动机中不太重要的配合，也用于重型机械、农业机械、纺织机械、机车车辆等的重要配合。例如，机床上操纵杆的支承配合、发动机中活塞环与活塞环槽的配合、农业机械中齿轮与轴的配合等 配合公差中等，加工易于实现，在一般机械中广泛应用
IT9，IT10	用于一般要求，或长度精度要求较高的配合。某些非配合尺寸的特殊要求，例如，飞机机身的外壳尺寸，由于质量限制，要求达到 IT9 或 IT10
IT11，IT12	多用于各种没有严格要求，只要求便于连接的配合。例如，螺栓和螺孔、铆钉和孔等的配合
IT12 ~ IT18	用于非配合尺寸和粗加工的工序尺寸上。例如，手柄的直径、壳体的外形和壁厚尺寸，以及端面之间的距离等

2. 基本偏差系列及配合种类

国家标准分别对孔和轴各规定了 28 个不同的基本偏差，如图 3-1 所示。对于一般、常用和优先轴或孔公差带分别如图 3-2 及图 3-3 所示。

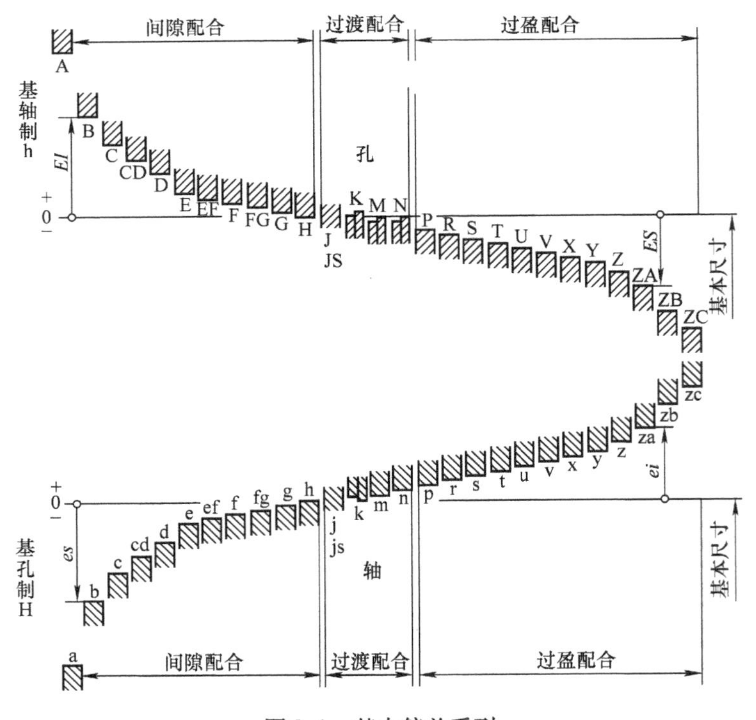

图 3-1 基本偏差系列

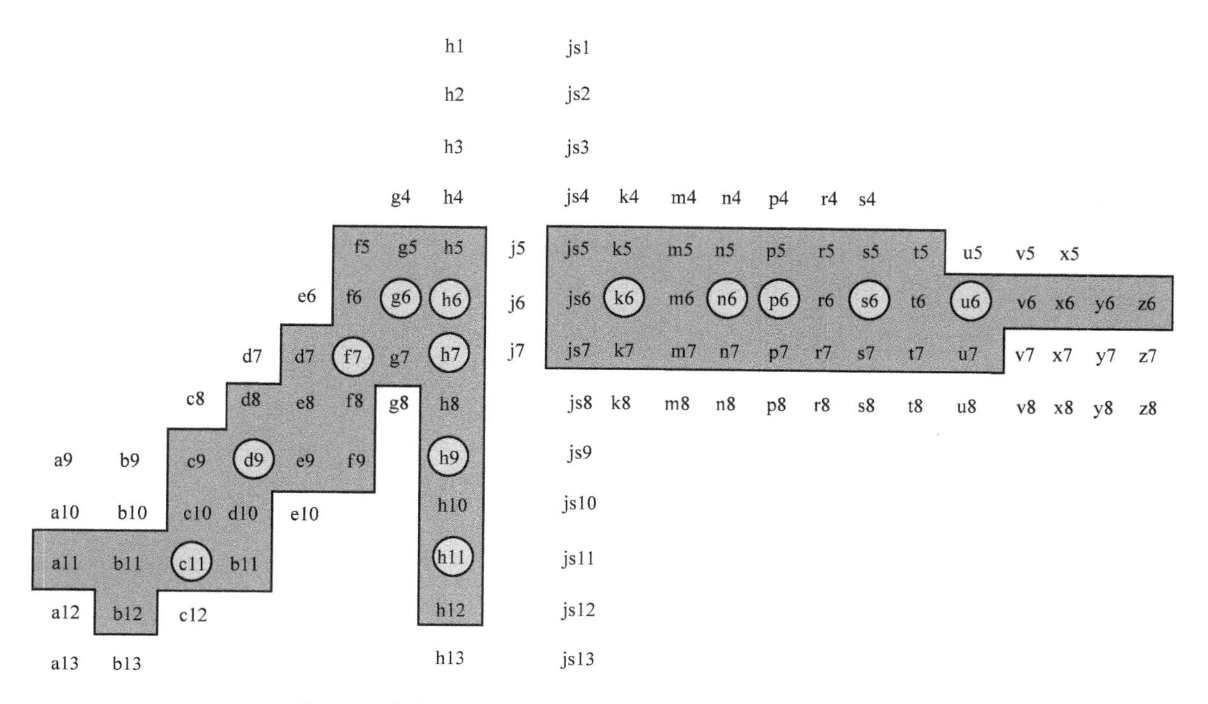

图 3-2　公称尺寸至 500mm 的一般、常用和优先轴公差带

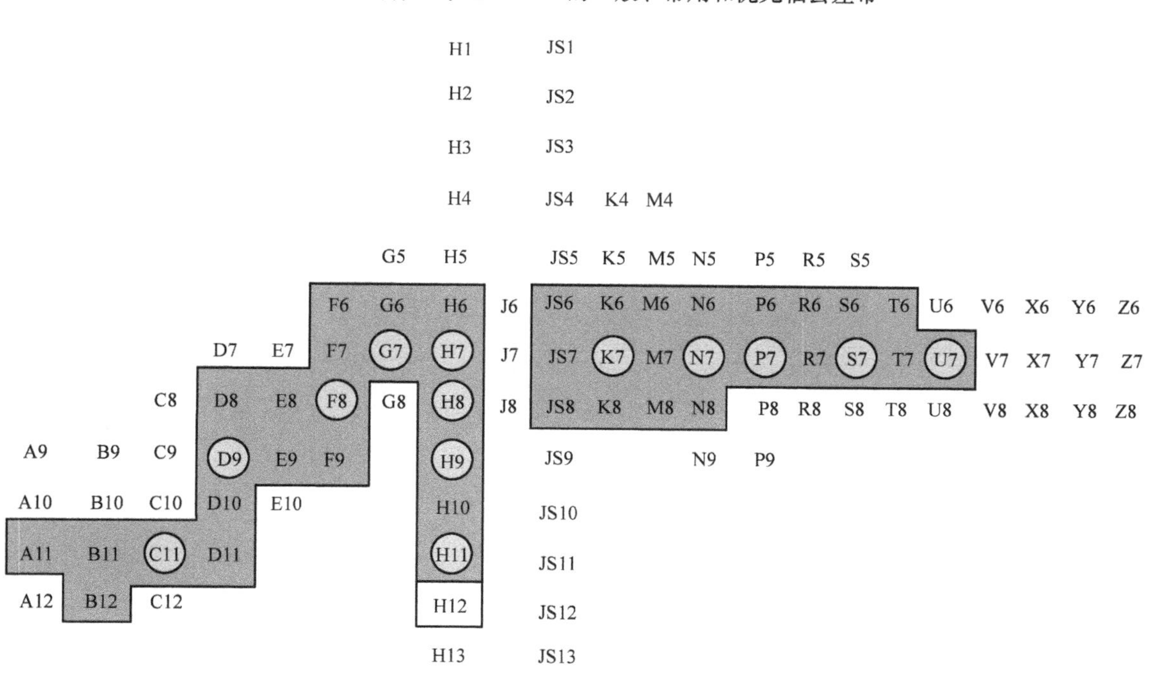

图 3-3　公称尺寸至 500mm 一般、常用和优先孔公差带

表 3-39、表 3-40 分别列出了基孔制和基轴制的优先和常用配合；表 3-41 列出尺寸至 500mm 基孔制优先和常用配合的特征和应用。

表 3-39　基孔制的优先和常用配合

基准孔	轴																				
	a	b	c	d	e	f	g	h	js	k	m	n	p	r	s	t	u	v	x	y	z
	间隙配合								过渡配合			过盈配合									
H6						H6/f5	H6/g5	H6/h5	H6/js5	H6/k5	H6/m5	H6/n5	H6/p5	H6/r5	H6/s5	H6/t5					
H7						H7/f6	H7/g6	H7/h6	H7/js6	H7/k6	H7/m6	H7/n6	H7/p6	H7/r6	H7/s6	H7/t6	H7/u6	H7/v6	H7/x6	H7/y6	H7/z6
H8					H8/e7	H8/f7	H8/g7	H8/h7	H8/js7	H8/k7	H8/m7	H8/n7	H8/p7	H8/r7	H8/s7	H8/t7	H8/u7				
				H8/d8	H8/e8	H8/f8		H8/h8													
H9			H9/c9	H9/d9	H9/e9	H9/f9		H9/h9													
H10			H10/c10	H10/d10				H10/h10													
H11	H11/a11	H11/b11	H11/c11	H11/d11				H11/h11													
H12		H12/b12						H12/h12													

表 3-40　基轴制的优先和常用配合

基准轴	孔																				
	A	B	C	D	E	F	G	H	JS	K	M	N	P	R	S	T	U	V	X	Y	Z
	间隙配合								过渡配合			过盈配合									
h5						F6/h5	G6/h5	H6/h5	JS6/h5	K6/h5	M6/h5	N6/h5	P6/h5	R6/h5	S6/h5	T6/h5					
h6						F7/h6	G7/h6	H7/h6	JS7/h6	K7/h6	M7/h6	N7/h6	P7/h6	R7/h6	S7/h6	T7/h6	U7/h6				
h7					E8/h7	F8/h7		H8/h7	JS8/h7	K8/h7	M8/h7	N8/h7									
h8				D8/h8	E8/h8	F8/h8		H8/h8													
h9				D9/h9	E9/h9	F9/h9		H9/h9													
h10				D10/h10				H10/h10													
h11	A11/h11	B11/h11	C11/h11	D11/h11				H11/h11													
h12		B12/h12						H12/h12													

表 3-41　尺寸至 500mm 基孔制优先和常用配合的特征及应用

配合类别	配合特征	配合代号	应　　用
间隙配合	特大间隙	$\frac{H11}{a11}$ $\frac{H11}{b11}$ $\frac{H12}{b12}$	用于高温或工作时要求大间隙的配合
	很大间隙	$\left(\frac{H11}{c11}\right)$ $\frac{H11}{d11}$	用于工作条件较差、受力变形或为了便于装配而需要大间隙的配合和高温工作的配合
	较大间隙	$\frac{H9}{c9}$ $\frac{H10}{c10}$ $\frac{H8}{d8}$ $\left(\frac{H9}{d9}\right)$ $\frac{H10}{d10}$ $\frac{H8}{e7}$ $\frac{H8}{e8}$ $\frac{H9}{e9}$	用于高速重载的滑动轴承或大直径的滑动轴承，也可用于大跨距或多支点支承的配合
	一般间隙	$\frac{H6}{f5}$ $\frac{H7}{f6}$ $\left(\frac{H8}{f7}\right)$ $\frac{H8}{f8}$ $\frac{H9}{f9}$	用于一般转速的间隙配合。温度影响不大时，广泛应用于普通润滑油润滑的支承处
	较小间隙	$\left(\frac{H7}{g6}\right)$ $\frac{H8}{g7}$	用于精密滑动零件或缓慢间隙回转的零件的配合部位
	很小间隙和零间隙	$\frac{H6}{g5}$ $\frac{H6}{h5}$ $\left(\frac{H7}{h6}\right)$ $\left(\frac{H8}{h7}\right)$ $\frac{H8}{h8}$ $\left(\frac{H9}{h9}\right)$ $\frac{H10}{h10}$ $\left(\frac{H11}{h11}\right)$ $\frac{H12}{h12}$	用于不同精度要求的一般定位件的配合和缓慢移动和摆动零件的配合
过渡配合	绝大部分有微小间隙	$\frac{H6}{js5}$ $\frac{H7}{js6}$ $\frac{H8}{js7}$	用于易于装拆的定位配合或加紧固件后可传递一定静载荷的配合
	大部分有微小间隙	$\frac{H6}{k5}$ $\left(\frac{H7}{k6}\right)$ $\frac{H8}{k7}$	用于稍有振动的定位配合。加紧固件可传递一定载荷。装拆方便，可用木锤敲入
	大部分有微小过盈	$\frac{H6}{m5}$ $\frac{H7}{m6}$ $\frac{H8}{m7}$	用于定位精度较高且能抗振的定位配合。加键可传递较大载荷。可用铜锤敲入或小压力压入
	绝大部分有微小过盈	$\left(\frac{H7}{n6}\right)$ $\frac{H8}{n7}$	用于精确定位或紧密组合件的配合。加键能传递大力矩或冲击性载荷。只在大修时拆卸
	绝大部分有较小过盈	$\frac{H8}{p7}$	加键后能传递很大力矩，且承受振动和冲击的配合。装配后不再拆卸
过盈配合	轻型	$\frac{H6}{n5}$ $\frac{H6}{p5}$ $\left(\frac{H7}{p6}\right)$ $\frac{H6}{r5}$ $\frac{H7}{r6}$ $\frac{H8}{r7}$	用于精确的定位配合，一般不能靠过盈传递力矩。要传递力矩尚需加紧固件
	中型	$\frac{H6}{s5}$ $\left(\frac{H7}{s6}\right)$ $\frac{H8}{s7}$ $\frac{H6}{t5}$ $\frac{H7}{t6}$ $\frac{H8}{t7}$	不需加紧固件就可传递较小力矩和进给力。加紧固件后可承受较大载荷或动载荷的配合
	重型	$\left(\frac{H7}{u6}\right)$ $\frac{H8}{u7}$ $\frac{H7}{v6}$	不需加紧固件就可传递和承受大的力矩和动载荷的配合。要求零件材料有高强度
	特重型	$\frac{H7}{x6}$ $\frac{H7}{y6}$ $\frac{H7}{z6}$	能传递和承受很大力矩和动载荷的配合，须经试验后方可应用

注：1. 括号内的配合为优先配合。

2. 国家标准规定的 44 种基轴制配合的应用与本表中的同名配合相同。

（七）几何公差

几何公差符号见表3-42；各种几何公差值见表3-43～表3-46。

表3-42　几何公差符号

分类	形状公差				位置公差							
项目	直线度	平面度	圆度	圆柱度	平行度	垂直度	倾斜度	同轴度	对称度	位置度	圆跳动	全跳动
符号	—	▱	○	⌭	//	⊥	∠	◎	⌯	⌖	↗	⌰

表3-43　圆度和圆柱度公差

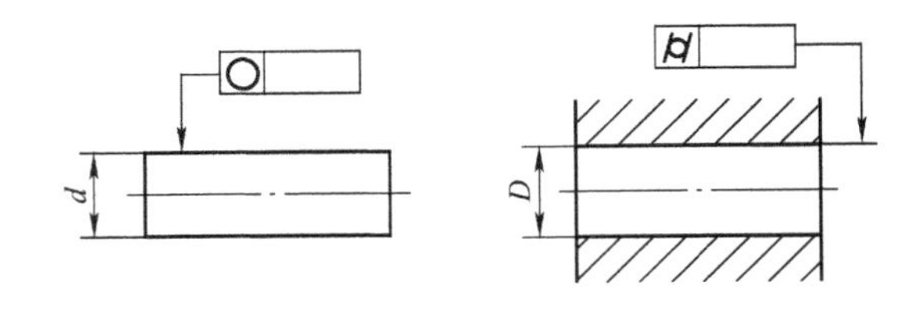

公差等级	主参数 $d(D)$/mm											应用举例
	>6～10	>10～18	>18～30	>30～50	>50～80	>80～120	>120～180	>180～250	>250～315	>315～400	>400～500	
	公差/μm											
5	1.5	2	2.5	2.5	3	4	5	7	8	9	10	安装P6（E）、P4（C）级滚动轴承的配合面，通用减速器的轴颈，一般机床的主轴
6	2.5	3	4	4	5	6	8	10	12	13	15	
7	4	5	6	7	8	10	12	14	16	18	20	千斤顶或压力液压缸的活塞，水泵及减速器的轴颈，液压传动系统的分配机构
8	6	8	9	11	13	15	18	20	23	25	27	
9	9	11	13	16	19	22	25	29	32	36	40	起重机、卷扬机用滑动轴承等
10	15	18	21	25	30	35	40	46	52	57	63	

表 3-44　直线度和平面度公差

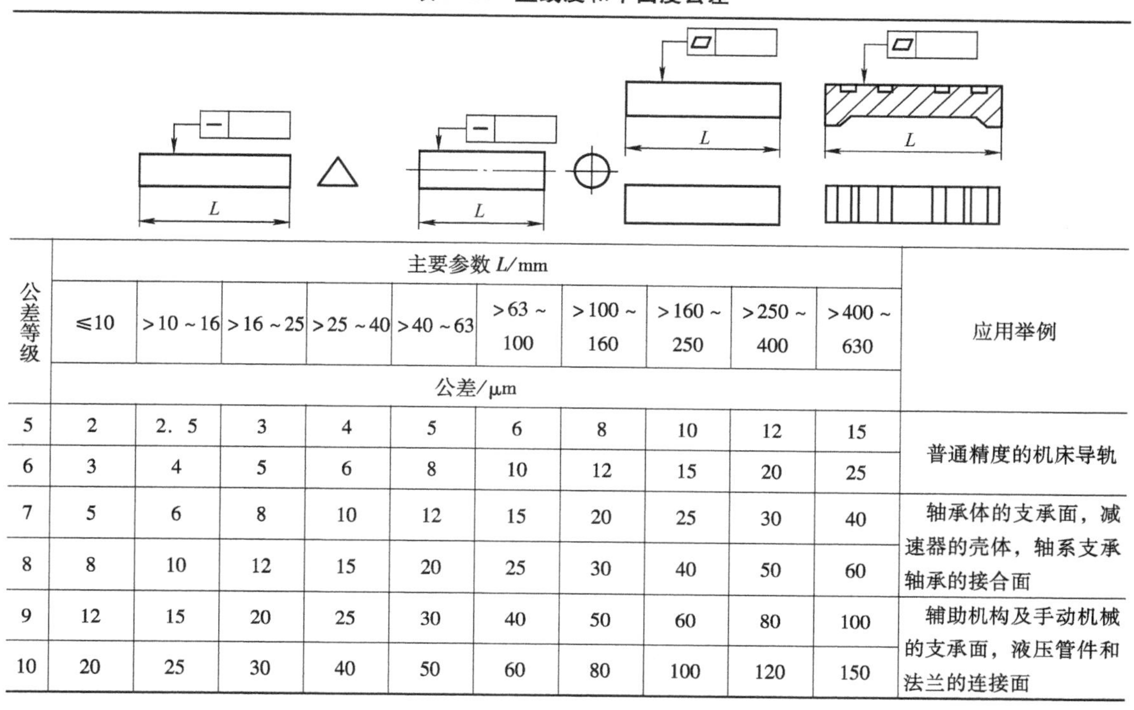

公差等级	主要参数 L/mm										应用举例
	≤10	>10~16	>16~25	>25~40	>40~63	>63~100	>100~160	>160~250	>250~400	>400~630	
	公差/μm										
5	2	2.5	3	4	5	6	8	10	12	15	普通精度的机床导轨
6	3	4	5	6	8	10	12	15	20	25	
7	5	6	8	10	12	15	20	25	30	40	轴承体的支承面，减速器的壳体，轴系支承轴承的接合面
8	8	10	12	15	20	25	30	40	50	60	
9	12	15	20	25	30	40	50	60	80	100	辅助机构及手动机械的支承面，液压管件和法兰的连接面
10	20	25	30	40	50	60	80	100	120	150	

表 3-45　平行度、垂直度和倾斜度公差

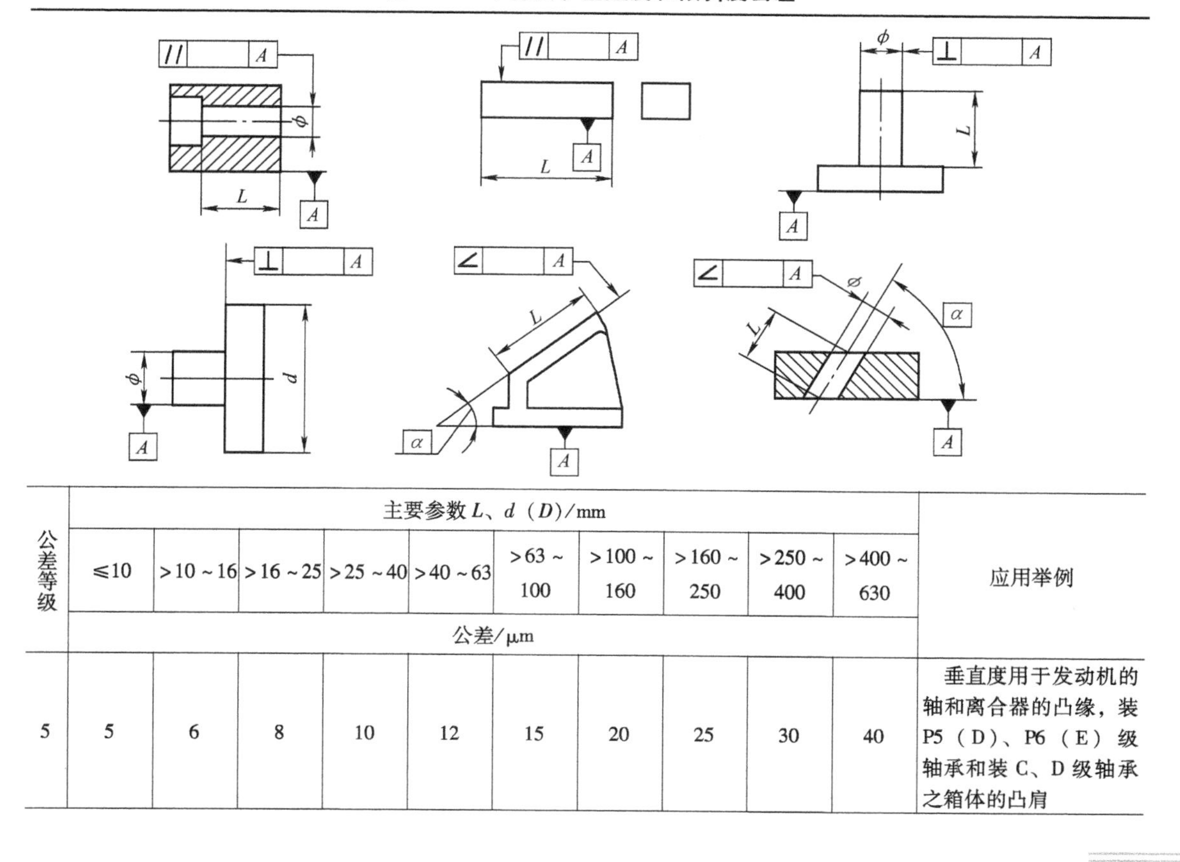

公差等级	主要参数 L、d（D）/mm										应用举例
	≤10	>10~16	>16~25	>25~40	>40~63	>63~100	>100~160	>160~250	>250~400	>400~630	
	公差/μm										
5	5	6	8	10	12	15	20	25	30	40	垂直度用于发动机的轴和离合器的凸缘，装P5（D）、P6（E）级轴承和装C、D级轴承之箱体的凸肩

（续）

公差等级	主要参数 L、d（D）/mm										应用举例
	≤10	>10~16	>16~25	>25~40	>40~63	>63~100	>100~160	>160~250	>250~400	>400~630	
	公差/μm										
6	8	10	12	15	20	25	30	40	50	60	平行度用于中等精度钻模的工作面，7~10级精度齿轮传动壳体孔的中心线
7	12	15	20	25	30	40	50	60	80	100	垂直度用于装P6（E）、P0（G）级轴承之壳体孔的轴线，按h6与g6连接的锥形轴减速机的机体孔中心线
8	20	25	30	40	50	60	80	100	120	150	平行度用于重型机械轴承盖的端面、手动传动装置中的传动轴

表 3-46　同轴度、对称度、圆跳动和全跳动公差

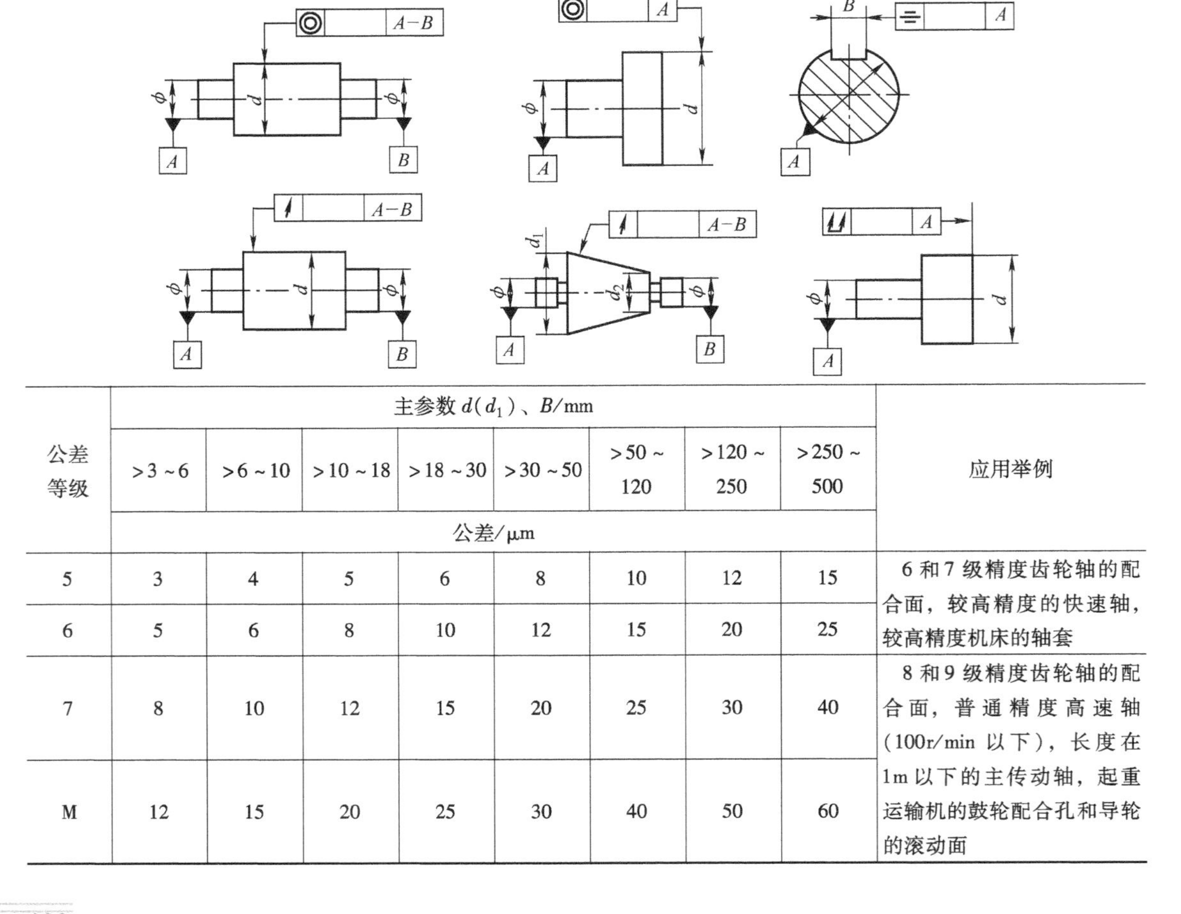

公差等级	主参数 $d(d_1)$、B/mm								应用举例
	>3~6	>6~10	>10~18	>18~30	>30~50	>50~120	>120~250	>250~500	
	公差/μm								
5	3	4	5	6	8	10	12	15	6和7级精度齿轮轴的配合面，较高精度的快速轴，较高精度机床的轴套
6	5	6	8	10	12	15	20	25	
7	8	10	12	15	20	25	30	40	8和9级精度齿轮轴的配合面，普通精度高速轴（100r/min以下），长度在1m以下的主传动轴，起重运输机的鼓轮配合孔和导轮的滚动面
M	12	15	20	25	30	40	50	60	

（八）表面粗糙度

不同尺寸的零件其表面粗糙度与公差等级关系，见表3-47。表面粗糙度 *Ra* 特征及常用类型，见表3-48。

表3-47 表面粗糙度与公差等级

<table>
<tr><th rowspan="3">公称尺寸/mm</th><th colspan="7">公差等级</th></tr>
<tr><th>IT6</th><th>IT7</th><th>IT8</th><th>IT9</th><th>IT10</th><th>IT11</th><th>IT12</th></tr>
<tr><th colspan="7">表面粗糙度 Ra/μm</th></tr>
<tr><td>>0～10</td><td rowspan="3">0.2</td><td rowspan="4">0.8</td><td rowspan="2">0.8</td><td rowspan="5">1.6</td><td rowspan="3">1.6</td><td>1.6</td><td rowspan="5">3.2</td></tr>
<tr><td>>10～18</td><td rowspan="5">3.2</td></tr>
<tr><td>>18～30</td><td rowspan="6">1.6</td></tr>
<tr><td>>30～50</td><td rowspan="4">0.4</td><td rowspan="4">3.2</td></tr>
<tr><td>>50～80</td><td rowspan="4">1.6</td></tr>
<tr><td>>80～120</td><td rowspan="3">3.2</td><td rowspan="3">6.3</td></tr>
<tr><td>>120～180</td><td rowspan="2">6.3</td></tr>
<tr><td>>180～250</td><td>0.8</td><td>6.3</td></tr>
</table>

表3-48 表面粗糙度参数的表面特征、对应加工方法及应用举例

<table>
<tr><th colspan="2">表面特征</th><th>Ra（μm）</th><th>加工方法</th><th>应用举例</th></tr>
<tr><td rowspan="2">粗糙表面</td><td>可见刀痕</td><td>>20～40</td><td rowspan="2">粗车、粗刨、粗铣、钻、荒锉、锯割</td><td rowspan="2">半成品粗加工后的表面，非配合的加工表面，如轴端面、倒角、钻孔、齿轮、带轮的侧面、键槽底面、垫圈接触面等</td></tr>
<tr><td>微见刀痕</td><td>>10～20</td></tr>
<tr><td rowspan="3">半光表面</td><td rowspan="2">微见加工痕迹</td><td>>5～10</td><td>车、铣、镗、刨、钻、锉、粗磨、粗铰</td><td>轴上不安装轴承、齿轮处的非配合表面，紧固件的自由装配表面等</td></tr>
<tr><td>>2.5～5</td><td>车、铣、镗、刨、磨、锉、滚压、电火花加工、粗刮</td><td>半精加工表面，箱体、支架、端盖、套筒等与其他零件结合而无配合要求的表面，需要发蓝的表面等</td></tr>
<tr><td>看不清加工痕迹</td><td>>1.25～2.5</td><td>车、铣、镗、刨、磨、拉、刮、滚压、铣齿</td><td>接近于精加工表面，齿轮的齿面、定位销孔、箱体上安装轴承的镗孔表面</td></tr>
<tr><td rowspan="3">光表面</td><td>可辨加工痕迹的方向</td><td>>0.63～1.25</td><td>车、铣、镗、拉、磨、刮、精铰、粗研、磨齿</td><td>要求保证定心及配合特性的表面，如锥销、圆柱销，与滚动轴承相配合的轴颈，磨削的齿轮表面，普通车床的导轨面，内、外花键定心表面等</td></tr>
<tr><td>微辨加工痕迹的方向</td><td>>0.32～0.63</td><td>精铰、精镗、磨、刮、滚压、研磨</td><td>要求配合性质稳定的配合表面，受交变应力作用的重要零件，较高精度车床的导轨面</td></tr>
<tr><td>不可辨加工痕迹的方向</td><td>>0.16～0.32</td><td>布轮磨、精磨、研磨、超精加工、抛光</td><td>精密机床主轴锥孔，顶尖圆锥面，发动机曲轴、凸轮轴工作表面，高精度齿轮齿面</td></tr>
</table>

（续）

表面特征		Ra（μm）	加工方法	应用举例
极光表面	暗光泽面	>0.08～0.16	精磨、研磨、抛光、超精车	精密机床主轴颈表面，气缸内表面，活塞销表面，仪器导轨面，阀的工作面，一般量规测量面等
	亮光泽面	>0.04～0.08	超精磨、镜面磨削、精抛光	精密机床主轴颈表面，滚动导轨中的钢球、滚子和高速摩擦的工作表面
	镜状光泽面	>0.01～0.04		高压柱塞泵中柱塞和柱塞套的配合表面，中等精度仪器零件配合表面
	镜面	≤0.01	镜面磨削、超精研	高精度量仪、量块的工作表面，高精度仪器摩擦机构的支承表面，光学仪器中的金属镜面

二、机床专用夹具设计资料

（一）机械加工定位、夹紧符号

1. 定位支承符号

定位支承符号见表3-49。

表3-49　定位支承符号

定位支承类型	符号			
	独立定位		联合定位	
	标注在视图轮廓线上	标注在视图正面[①]	标注在视图轮廓线上	标注在视图正面[①]
固定式			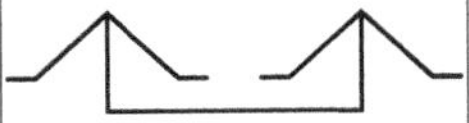	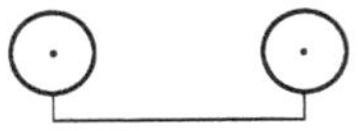
活动式			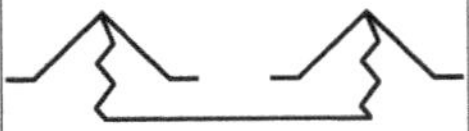	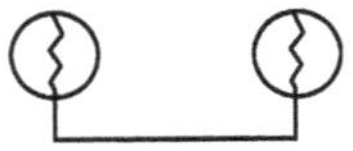

① 视图正面是指观察者面对的投影面。

2. 辅助支承符号

辅助支承符号见表3-50。

表3-50　辅助支承符号

独立支承		联合支承	
标注在视图轮廓线上	标注在视图正面	标注在视图轮廓线上	标注在视图正面
		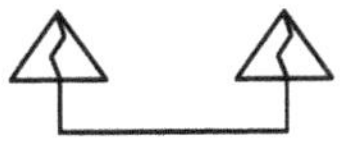	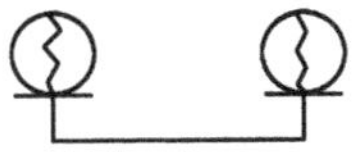

3. 夹紧符号

夹紧符号按表3-51的规定。表中的字母代号为大写汉语拼音字母。

表 3-51　夹紧符号

夹紧动力源类型	符号			
	独立夹紧		联合夹紧	
	标注在视图轮廓线上	标注在视图正面	标注在视图轮廓线上	标注在视图正面
手动夹紧			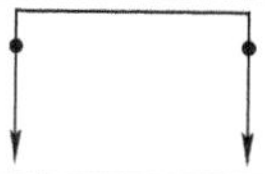	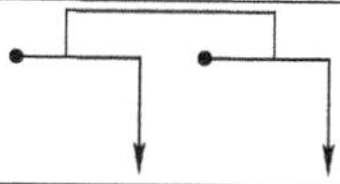
液压夹紧	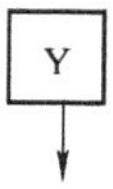 Y	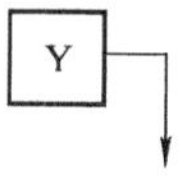 Y	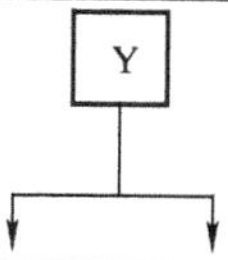 Y	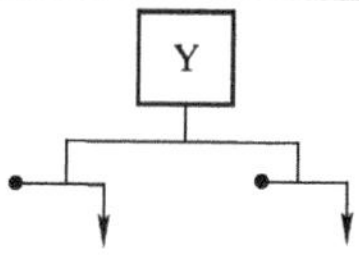 Y
气动夹紧	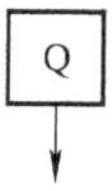 Q	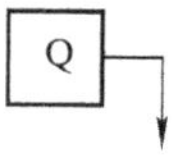 Q	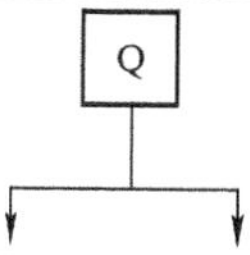 Q	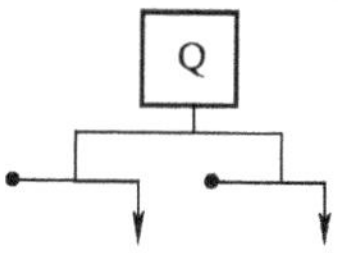 Q
电磁夹紧	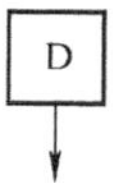 D	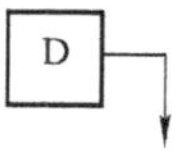 D	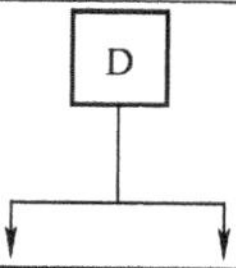 D	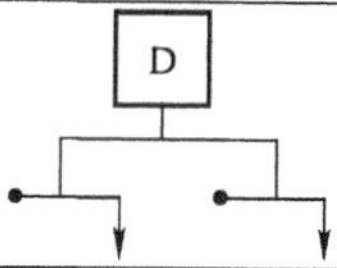 D

4. 常用装置符号

常用的装置符号见表 3-52。

表 3-52　常用的装置符号

序号	符号	名称	简图	序号	符号	名称	简图
1		固定顶尖		8		圆柱心轴	
2		内顶尖		9	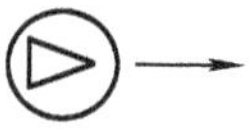	锥度心轴	
3		回转顶尖		10		螺纹心轴	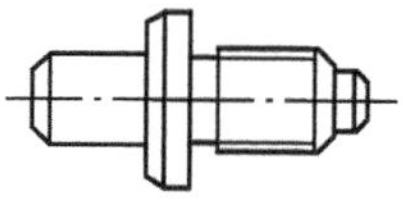 （花键心轴也用此符号）
4		外拨顶尖		11		弹性心轴	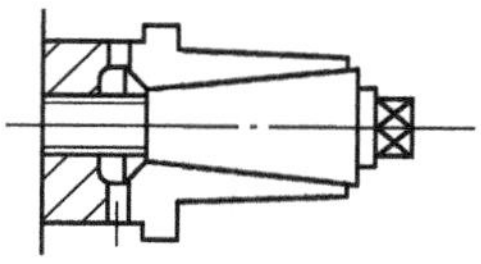 （包括塑料心轴）
5		内拨顶尖					
6		浮动顶尖				弹簧夹头	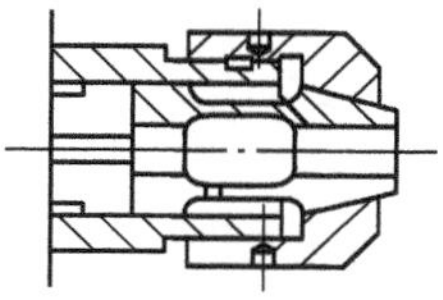
7		伞形顶尖					

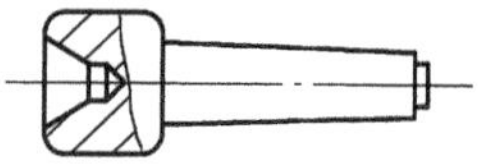

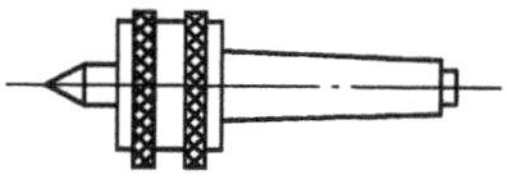

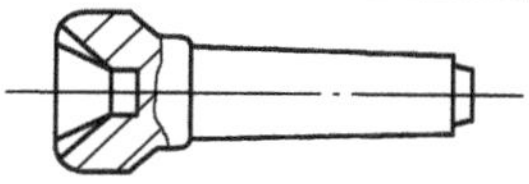

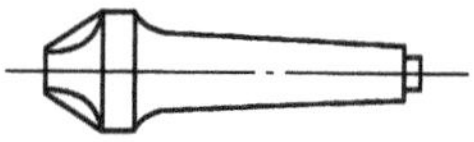

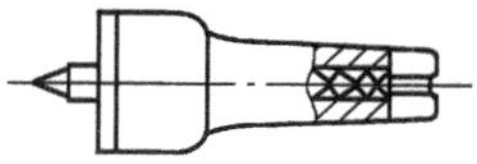

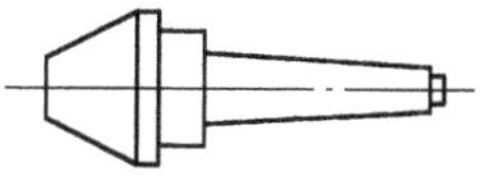

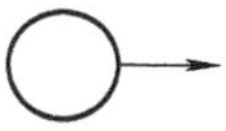

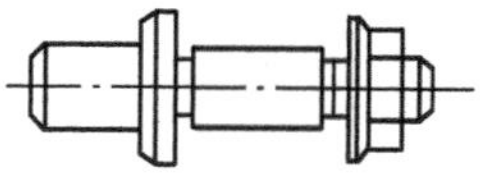

（续）

序号	符号	名称	简图
12		自定心卡盘	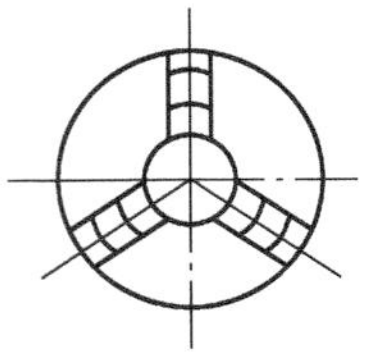
13	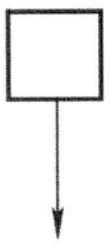	单动卡盘	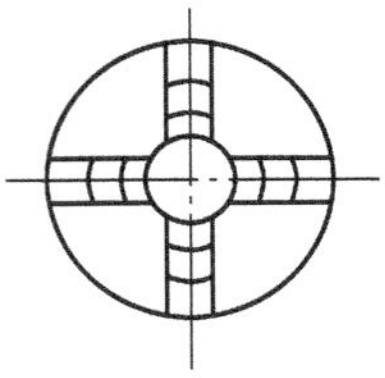
14		中心架	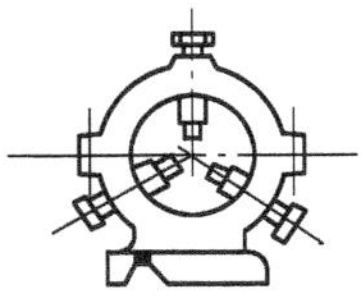
15	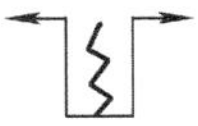	跟刀架	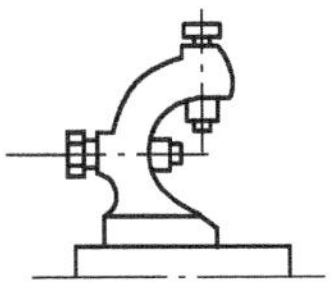
16	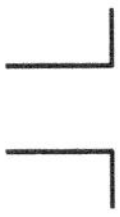	圆柱衬套	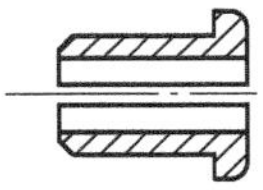
17	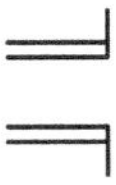	螺纹衬套	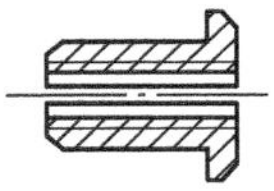
18		止口盘	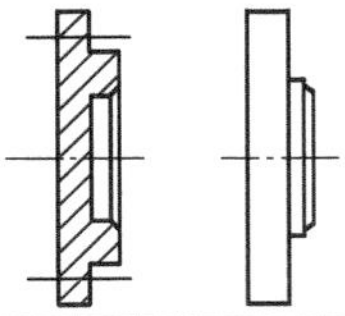
19		拨杆	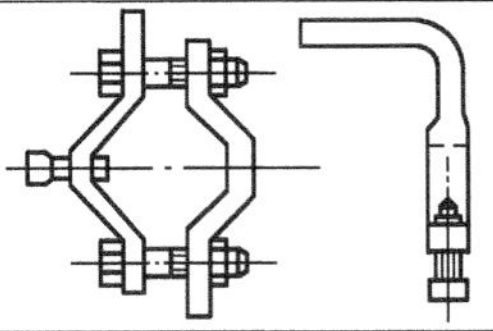
20		垫铁	
21		压板	
22	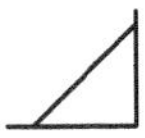	角铁	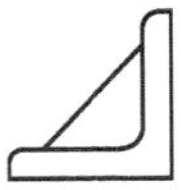
23		可调支承	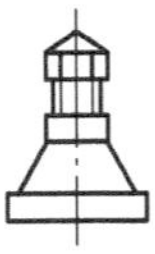
24	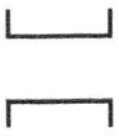	平口钳	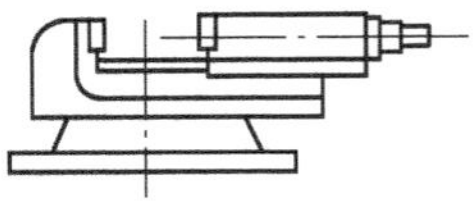
25		中心堵	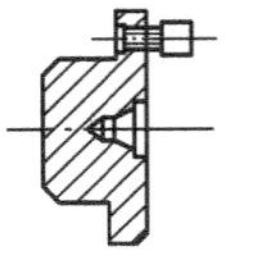
26		V形铁	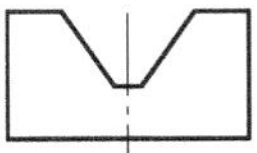
27		软爪	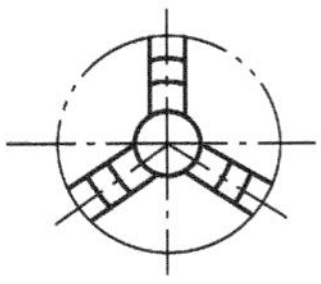

（二）切削力、夹紧力计算

1. 车削时切削力与车削功率的计算

车削时切削力、车削功率的经验公式及其指数与系数的选择见表3-53，车削铜及铝合金时材料力学性能对切削力影响的修正系数见表 3-54，车削钢和铸铁时材料强度和硬度改变对切削力影响的修正系数见表 3-55，车削钢和铸铁时刀具几何参数改变对切削力影响的修正系数见表 3-56。

表 3-53　切削力的计算公式

主切削力	$F_c = C_{F_c} a_p^{x_{F_c}} f^{y_{F_c}} v^{\eta_{F_c}} K_{F_c}$
背向力	$F_p = C_{F_p} a_p^{x_{F_p}} f^{y_{F_p}} v^{\eta_{F_p}} K_{F_p}$
进给力	$F_f = C_{F_f} a_p^{x_{F_f}} f^{y_{F_f}} v^{\eta_{F_f}} K_{F_f}$
切削功率	$P_c = F_c v \times 10^{-3}$

公式中的系数和指数

加工材料	刀具材料	加工形式	公式中的系数和指数											
			主切削力				背向力				进给力			
			C_{F_c}	x_{F_c}	y_{F_c}	η_{F_c}	C_{F_p}	x_{F_p}	y_{F_p}	η_{F_p}	C_{F_f}	x_{F_f}	y_{F_f}	η_{F_f}
结构钢铸钢 $R_m=650\text{MPa}$	硬质合金	外圆纵车、及镗孔	2650	1.0	0.75	-0.15	1950	0.90	0.6	-0.3	2880	1.0	0.5	-0.4
		外圆纵车 $\kappa_\gamma=0$	3570	0.9	0.9	-0.15	2840	0.60	0.8	-0.3	2050	1.05	0.2	-0.4
		切槽及切断	3600	0.72	0.8	0	1390	0.73	0.67	0	—	—	—	—
	高速钢	外圆纵车、及镗孔	1700	1.0	0.75	0	920	0.90	0.75	0	530	1.2	0.65	0
		切槽及切断	2170	1.0	1.0	0	—	—	—	—	—	—	—	—
		成形车	1870	1.0	0.75	0	—	—	—	—	—	—	—	—
耐热钢 1Cr18Ni9Ti 141HBW	硬质合金	外圆纵车、及镗孔	2000	1.0	0.75	0	—	—	—	—	—	—	—	—
灰铸铁 190HBW	硬质合金	外圆纵车、及镗孔	900	1.0	0.75	0	530	0.9	0.75	0	450	1.0	0.4	0
		外圆纵车 $\kappa_\gamma=0$	1200	1.0	0.75	0	600	0.6	0.5	0	235	1.05	0.2	0
	高速钢	外圆纵车、及镗孔	1120	1.0	0.75	0	1160	0.9	0.75	0	500	1.2	0.65	0
		切槽及切断	1550	1.0	1.0	0	—	—	—	—	—	—	—	—
可锻铸铁	硬质合金	外圆纵车、及镗孔	790	1.0	0.75	0	420	0.9	0.75	0	370	1.0	0.4	
	高速钢	外圆纵车、及镗孔	980	1.0	0.75	0	860	0.9	0.75	0	390	1.2	0.65	
		切槽及切断	1360	1.0	1.0	0	—	—	—	—	—	—	—	—
中等硬度不均匀铜合金 120HBW	高速钢	外圆纵车、及镗孔	540	1.0	0.66	0	—	—	—	—	—	—	—	—
		切槽及切断	735	1.0	1.0	0	—	—	—	—	—	—	—	—
高硬度青铜 200~240HBW	硬质合金	外圆纵车、及镗孔	405	1.0	0.66	0	—	—	—	—	—	—	—	—
铝及铝硅合金	高速钢	外圆纵车、及镗孔	390	1.0	0.75	0	—	—	—	—	—	—	—	—
		切槽及切断	490	1.0	1.0	0	—	—	—	—	—	—	—	—

表 3-54　加工铜合金和铝合金材料力学性能改变时的修正系数

加工铜合金的修正系数						加工铝合金的修正系数			
不均匀的		非均质的铜合金和 $w_{Cu}<10\%$ 的均质合金	均质合金	铜	$w_{Cu}>15\%$ 的合金	铝及铝硅合金	硬铝		
中等硬度 120HBW	高硬度 >120HBW						$R_m=0.245\text{GPa}$	$R_m=0.343\text{GPa}$	$R_m>0.343\text{GPa}$
1.0	0.75	0.65~0.70	1.8~2.2	1.7~2.1	0.25~0.45	1.0	1.5	2.0	2.75

表 3-55 钢和铸铁强度和硬度改变时切削力的修正系数 K_{MF}

加工材料	结构钢	灰铸铁	可锻铸铁
系数 K_{MF}	$K_{MF}=\left(\frac{R_m}{650}\right)^{n_F}$	$K_{MF}=\left(\frac{HBW}{190}\right)^{n_F}$	$K_{MF}=\left(\frac{HBW}{150}\right)^{n_F}$

上式公式中的指数 n_F

加工材料	车削力						钻孔时的轴向力和转矩		铣削时的圆周力	
	F_c		F_p		F_f					
	刀具材料									
	硬质合金	高速钢	硬质合金	高速钢	硬质合金	高速钢	硬质合金	高速钢	硬质合金	高速钢
	指数 n_F									
$R_m \leqslant 600MPa$ $R_m > 600MPa$	0.75	0.35 0.75	1.35	2.0	1.0	1.5	0.75		0.3	
灰铸铁、可锻铸铁	0.4	0.55	1.0	1.3	0.8	1.1	0.6		1.0	0.55

表 3-56 加工钢及铸铁刀具几何参数改变时切削力的修正系数

参数		刀具材料	修正系数			
名称	数值		名称	车削力		
				F_c	F_f	F_p
主偏角 κ_γ(°)	30	硬质合金	$K_{\kappa_\gamma F}$	1.08	1.30	0.78
	45			1.0	1.0	1.0
	60			0.94	0.77	1.11
	75			0.92	0.62	1.13
	90			0.89	0.50	1.17
	30	高速钢		1.08	1.63	0.7
	45			1.0	1.0	1.0
	60			0.98	0.71	1.27
	75			1.03	0.54	1.51
	90			1.08	0.44	1.82
前角 γ_0(°)	-15	硬质合金	$K_{\gamma_0 F}$	1.25	2.0	2.0
	-10			1.2	1.8	1.8
	0			1.1	1.4	1.4
	10			1.0	1.0	1.0
	20			0.9	0.7	0.7
	12~15	高速钢		1.15	1.6	1.7
	20~25			1.0	1.0	1.0
刃倾角 λ_s(°)	5	硬质合金	$K_{\lambda_s F}$	1.0	0.75	1.07
	0				1.0	1.0
	-5				1.25	0.85
	-10				1.5	0.75
	-15				1.7	0.65

（续）

参数		刀具材料	修正系数			
名称	数值		名称	车削力		
				F_c	F_f	F_p
刀尖圆弧半径 r_ε/mm	0.5	高速钢	$K_{r_\varepsilon F}$	0.87	0.66	1.0
	1.0			0.93	0.82	
	2.0			1.0	1.0	
	3.0			1.04	1.14	
	5.0			1.1	1.33	

2. 钻削力（力矩）和钻削功率的计算

钻削力切削力（力矩）经验公式中指数与系数的选择见表3-57，加工条件改变时的修正系数见表3-58。

表3-57　钻孔时轴向力、转矩及功率的计算公式

计算公式			
名称	轴向力/N	转矩/(N·m)	功率/kW
计算公式	$F_f = C_F d_0^{z_F} f^{y_F} k_F$	$M_c = C_M d_0^{z_M} f^{y_M} k_M$	$P_c = \frac{M_c v_c}{30 d_0}$

公式中的系数和指数							
加工材料	刀具材料	系数和指数					
		轴向力			转矩		
		C_F	z_F	y_F	C_M	z_M	y_F
钢 R_m =650MPa	高速钢	600	1.0	0.7	0.305	2.0	0.8
不锈钢1Cr18Ni9Ti	高速钢	1400	1.0	0.7	0.402	2.0	0.7
灰铸铁，硬度190HBW	高速钢	420	1.0	0.8	0.206	2.0	0.8
	硬质合金	410	1.2	0.75	0.117	2.2	0.8
可锻铸铁，硬度150HBW	高速钢	425	1.0	0.8	0.206	2.0	0.8
	硬质合金	320	1.2	0.75	0.098	2.2	0.8
中等硬度非均质铜合金，硬度100～140HBW	高速钢	310	1.0	0.8	0.117	2.0	0.8

注：1. 当钢和铸铁的强度和硬度改变时，切削力的修正系数 k_{MF} 可按表3-58计算。

2. 加工条件改变时，切削力及转矩的修正系数见表3-58；

3. 用硬质合金钻头钻削未淬硬的结构碳钢、铬钢及镍铬钢时，轴向力及转矩可按下列公式计算：

$$F_f = 3.48 d_0^{1.4} f^{0.8} R_m^{0.75} \qquad M_c = 5.87 d_0^2 f R_m^{0.7}$$

表 3-58 加工条件改变时钻孔轴向力及转矩的修正系数

1. 与加工材料有关											
钢	力学性能	硬度 HBW	110～140	>140～170	>170～200	>200～230	>230～260	>260～290	>290～320	>320～350	>350～380
		R_m/MPa	400～500	>500～600	>600～700	>700～800	>800～900	900～1000	1000～1100	1100～1200	1200～1300
	$k_{MF}=k_{MM}$		0.75	0.88	1.0	1.11	1.22	1.33	1.43	1.54	1.63
铸铁	力学性能硬度 HBW		100～120	120～140	140～160	160～180	180～200	200～220	220～240	240～260	—
	系数 $k_{MF}=k_{MM}$	灰铸铁	—	—	—	0.94	1.0	1.06	1.12	1.18	—
		可锻铸铁	0.83	0.92	1.0	1.08	1.14	—	—	—	—

2. 与刃磨形状有关			
刃磨形状		标准	双横、双横棱、横、横棱
系数	k_{xF}	1.33	1.0
	k_{xM}	1.0	1.0

3. 与刀具磨钝有关			
切削刃状态		尖锐的	磨钝的
系数	k_{hF}	0.9	1.0
	k_{hM}	0.87	1.0

3. 铣削切削力、铣削功率的计算

铣削加工时周向切削力/力矩的计算公式及其指数、系数的选择见表 3-59，铣削加工三向切削力的估算方法见表 3-60，硬质合金端铣刀和高速钢铣刀刀具角度的修正系数分别见表 3-61 和表 3-62。

表 3-59 铣削时切削力、扭矩和功率的计算公式

计算公式		
圆周力/N	扭矩/(N·m)	功率/kW
$F_c=\dfrac{C_F a_p^{x_F} f_z^{y_F} a_e^{u_F} Z}{d_0^{q_F} n^{w_F}}$	$M=\dfrac{F_c d_0}{2\times10^3}$	$P_c=\dfrac{F_c v_c}{1000}$

公式中的系数及指数							
铣刀类型	刀具材料	C_F	x_F	y_F	u_F	w_F	q_F
加工碳素结构钢 $\sigma_b=650$MPa							
端铣刀	硬质合金	7900	1.0	0.75	1.1	0.2	1.3
	高速钢	788	0.95	0.8	1.1	0	1.1
圆柱铣刀	硬质合金	967	1.0	0.75	0.88	0	0.87
	高速钢	650	1.0	0.72	0.86	0	0.86
立铣刀	硬质合金	119	1.0	0.75	0.85	-0.13	0.73
	高速钢	650	1.0	0.72	0.86	0	0.86
盘铣刀、切槽及切断铣刀	硬质合金	2500	1.1	0.8	0.9	0.1	1.1
	高速钢	650	1.0	0.72	0.86	0	0.86
凹、凸半圆铣刀及角铣刀	高速钢	450	1.0	0.72	0.86	0	0.86

（续）

加工不锈钢 1Cr18Ni9Ti 硬度 141HBW							
端铣刀	硬质合金	218	0.92	0.78	1.0	0	1.15
立铣刀	高速钢	82	1.0	0.6	0.75	0	0.86
加工灰铸铁硬度 190HBW							
端铣刀	硬质合金	54.5	0.9	0.74	1.0	0	1.0
圆柱铣刀		58	1.0	0.8	0.9	0	0.9
圆柱铣刀、立铣刀、盘铣刀、切槽及切断铣刀	高速钢	30	1.0	0.65	0.83	0	0.83
加工可锻铸铁硬度 150HBW							
端铣刀	硬质合金	491	1.0	0.75	1.1	0.2	1.3
圆柱铣刀、立铣刀、盘铣刀、切槽及切断铣刀	高速钢	30	1.0	0.72	0.86	0	0.86
加工中等硬度非均质铜合金硬度 100～140HBW							
圆柱铣刀、立铣刀、盘铣刀、切槽及切断铣刀	高速钢	22.6	1.0	0.72	0.86	0	0.86

注：1. 铣削铝合金时，圆周力 F_c 按加工碳钢的公式计算并乘系数 0.25。

2. 表列数据按铣刀求得。当铣刀的磨损量达到规定的数值时，F_c 要增大，加工软钢时，增加 75%～90%；加工中硬钢、硬钢及铸铁时，增加 30%～40%。

表 3-60 各铣削分力的经验比值

铣削条件	比值	对称端铣	不对称铣削	
			逆铣	顺铣
端铣：a_c =（0.4～0.8）d_0 f_z =（0.1～0.2）mm 时	F_x/F_c	0.3～0.4	0.60～0.90	0.15～0.30
	F_y/F_c	0.85～0.95	0.45～0.70	0.90～1.00
	F_z/F_c	0.50～0.55	0.50～0.55	0.50～0.55
立铣、圆柱铣、盘铣和成形铣 a_c =0.05d_0 f_x =（0.1～0.2）mm 时	F_x/F_c		1.00～1.20	0.80～0.90
	F_y/F_c		0.20～0.30	0.75～0.80
	F_z/F_c		0.35～0.40	0.35～0.40

表 3-61 硬质合金端铣刀铣削力修正系数

工件材料系数 k_{mF_c}		前角系数（切钢）$k_{\gamma F_c}$				主偏角系数 $k_{\kappa F_c}$（钢及铸铁）			
钢	铸铁	-10°	0°	10°	15°	30°	60°	75°	90°
$\left(\frac{\sigma_b}{0.638}\right)^{0.3}$	$\frac{HBW}{190}$	1.0	0.89	0.79	1.23	1.15	1.0	1.06	1.14

表 3-62 高速钢铣刀铣削力修正系数

工件材料系数 k_{mF_c}		前角系数（切钢）$k_{\gamma F_c}$				主偏角系数 $k_{\kappa F_c}$（限于端铣）			
钢	铸铁	5°	10°	15°	20°	30°	45°	60°	90°
$\left(\frac{\sigma_b}{0.638}\right)^{0.3}$	$\left(\frac{HBW}{190}\right)^{0.55}$	1.08	1.0	0.92	0.85	1.15	1.06	1.0	1.04

注：σ_b 的单位为 GPa。

4. 夹紧力的计算

按照夹具设计原则合理确定夹紧力的作用点和作用方向之后，即应计算夹紧力的大小。计算夹紧力是一个很复杂的问题，一般只能粗略地估算。因为在加工过程中，工件受到切削力、重力、冲击力、离心力和惯性力等的作用，从理论上讲，夹紧力的作用效果必须与上述作用力（矩）相平衡。但是在不同条件下，上述作用力在平衡系中对工作所起的作用是各不相同的。为了简化夹紧力的计算，通常假设工艺系统是刚性的，切削过程是稳定的，在这些假设条件下，根据切削力实验计算公式求出切削力，然后找出加工过程中最不利的瞬时状态，按静力学原理求出夹紧力的大小。夹紧力大小的计算通常表现为夹紧力矩与摩擦力矩的平衡。夹紧力的计算公式为

$$F_{\mathrm{j}} = KF_{计}$$

式中　$F_{计}$——在最不利条件下由静力平衡计算求出的夹紧力；

F_{j}——实际需要的夹紧力；

K——安全系数，一般取 $K=1.5\sim3$，粗加工取大值，精加工取小值。

三、夹具设计技术要求参考资料

夹具设计技术要求参考资料，见表3-63～表3-71。

表3-63　夹具的尺寸公差

工件的尺寸公差/mm	夹具相应尺寸公差占工件公差的
<0.02	3/5
0.02～0.05	1/2
0.05～0.20	2/5
0.20～0.30	1/3

表3-64　夹具的角度公差

工件的角度公差	夹具相应角度公差占工件公差的比例
0°1′～0°10′	1/2
0°10′～1°	2/5
0°～4°	1/3

表3-65　车、磨床夹具径向圆跳动公差　（单位：mm）

工件径向圆跳动公差	定位元件定位表面对回转中心线的径向圆跳动公差	
	心轴类夹具	一般车磨夹具
0.05～0.10	0.005～0.01	0.01～0.02
0.10～0.20	0.01～0.015	0.02～0.04
>0.20	0.015～0.03	0.04～0.06

表3-66　按工件公差确定夹具对刀块到定位表面制造公差　（单位：mm）

工件的公差	对刀块对定位表面的相互位置	
	平行或垂直时	不平行或不垂直时
～ ±0.10	±0.02	±0.015
±0.1～±0.25	±0.05	±0.035
±0.25 以上	±0.10	±0.08

表 3-67 对刀块工作面、定位表面和定位键侧面间的技术要求 （单位：mm）

工件加工面对定位基准的技术要求	每 100mm 对刀块工作面及定位键侧面对定位表面的垂直度或平行度公差
0.05 ~ 0.10	0.01 ~ 0.02
0.10 ~ 0.20	0.02 ~ 0.05
0.20 以上	0.05 ~ 0.10

表 3-68 导套中心距或导套中心到定位基面间的制造公差 （单位：mm）

工件孔中心距或孔中心到基面距离的公差	导套中心距或导套中心到定位基面距离的制造公差	
	平行或垂直时	不平行或不垂直时
±0.05 ~ ±0.10	±0.005 ~ ±0.02	±0.005 ~ ±0.015
±0.10 ~ ±0.25	±0.02 ~ ±0.05	±0.015 ~ ±0.035
±0.25 以上	±0.05 ~ ±0.10	±0.035 ~ ±0.08

表 3-69 导套中心对夹具安装基面的相互位置要求 （单位：mm）

工件加工孔对定位基面的垂直度要求	每 100mm 导套中心对夹具安装基面的垂直度要求
0.05 ~ 0.10	0.01 ~ 0.02
0.10 ~ 0.25	0.02 ~ 0.05
0.25 以上	0.05

表 3-70 常用夹具零件材料及热处理

名称		推荐材料	热处理要求
定位元件	支承钉	D≤12mm，T7A D>12mm，钢 20	淬火 60 ~ 64HRC，渗碳深 0.8 ~ 1.2mm
	支承板	20 钢	渗碳深 0.8 ~ 1.2mm，淬火 60 ~ 64HRC
	可调支承螺钉	45 钢	头部淬火 38 ~ 42HRC L>50mm，整体淬火 33 ~ 38HRC
	定位销	D≤16mm，T7A D>16mm，20 钢	淬火 HRC53 ~ 58，渗碳深 0.8 ~ 1.2mm，淬火 53 ~ 58HRC
	定位心轴	D≤35mm，T8A D>35mm，45 钢	淬火 55 ~ 60HRC 淬火 43 ~ 48HRC
	V 形块	20 钢	渗碳深 0.8 ~ 1.2mm，淬火 60 ~ 64HRC
夹紧元件	斜楔	20 钢 代用 45 钢	渗碳深 0.8 ~ 1.2mm， 淬硬 58 ~ 62HRC 淬硬 43 ~ 48HRC
	压紧螺钉	45 钢	淬硬 38 ~ 42HRC
	螺母	45 钢	淬火 33 ~ 38HRC
	摆动压块	45 钢	淬火 43 ~ 48HRC
	普通螺钉压板	45 钢	淬火 38 ~ 42HRC
	钩形压板	45 钢	淬火 38 ~ 42HRC
	圆偏心轮	20 钢 优质工具钢	渗碳深 0.8 ~ 1.2mm 淬火 60 ~ 64HRC 淬火 50 ~ 55HRC

（续）

名称		推荐材料	热处理要求
其他专用元件	对刀块	20 钢	渗碳深 0.8～1.2mm，淬火 60～64HRC
	塞尺	T7A	淬火 60～64HRC
	定向键	45 钢	淬火 43～48HRC
其他专用元件	钻套	内径≤25mm，T10A 内径＞25mm，20 钢	淬火 60～64HRC，渗碳深 0.8～1.2mm，淬火 60～64HRC
	固定式镗套	20 钢	渗碳深 0.8～1.2mm，淬火 55～60HRC
夹具体		HT150 或 HT200	时效处理

表 3-71　常用夹具元件的公差和配合

元件名称	部位及配合		备注
衬套	外径与本体 H7/r6 或 H7/n6		—
	内径 H6 或 H7		
固定钻套	外径与钻模板 H7/r6 或 H7/n6		
	内径 G7 或 F8		公称尺寸是刀具的最大尺寸
可换钻套 快换钻套	外径与衬套 H7/g5 或 H7/g6		公称尺寸是刀具的最大尺寸
	内径	钻孔及扩孔时 F8	
		粗铰孔时 G7	
		精铰孔时 G6	
镗套	外径与衬套 H6/h5（H6/j5），H7/h6（.H7/js6）		—
	内径与镗杆 H6/g5（H6/h5），H7/g6（.H7/h6）		
支承钉	与夹具配合 H7/r6，H7/n6		
定位销	与工件基准配合 H7/g6、H7/f7 或 H6g5、H6/f6		
	与夹具体配合 H7/r5，H7/n5		
可换定位销	与衬套配合 H7/h6		
钻换板铰链轴	轴与孔配合 G7/f6，F8/g6		

第四部分　毕业设计题目（图样）选编

此部分为毕业设计题目（图样）选编，收集、整理了中等复杂程度的各类机械零件图样20余幅（见图4-1～图4-24），以供教师选用和参考。

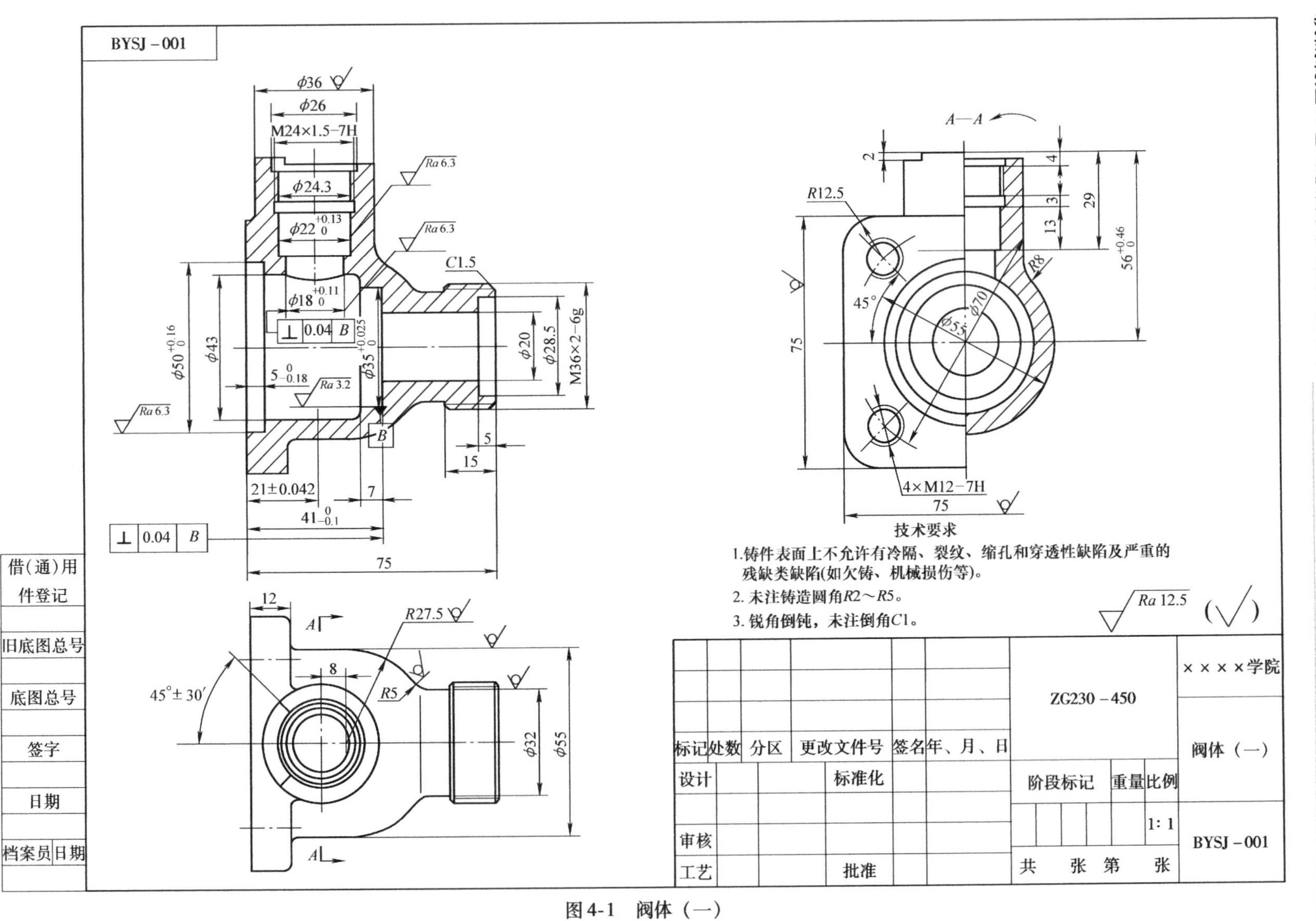
BYSJ－001
A—A
技术要求
1.铸件表面上不允许有冷隔、裂纹、缩孔和穿透性缺陷及严重的残缺类缺陷(如欠铸、机械损伤等)。
2.未注铸造圆角R2～R5。
3.锐角倒钝，未注倒角C1。
Ra 12.5
ZG230－450
××××学院
阀体（一）
BYSJ－001
1:1
标记
处数
分区
更改文件号
签名
年、月、日
设计
标准化
阶段标记
重量
比例
审核
工艺
批准
共　张　第　张
借(通)用件登记
旧底图总号
底图总号
签字
日期
档案员
日期

图4-1　阀体（一）

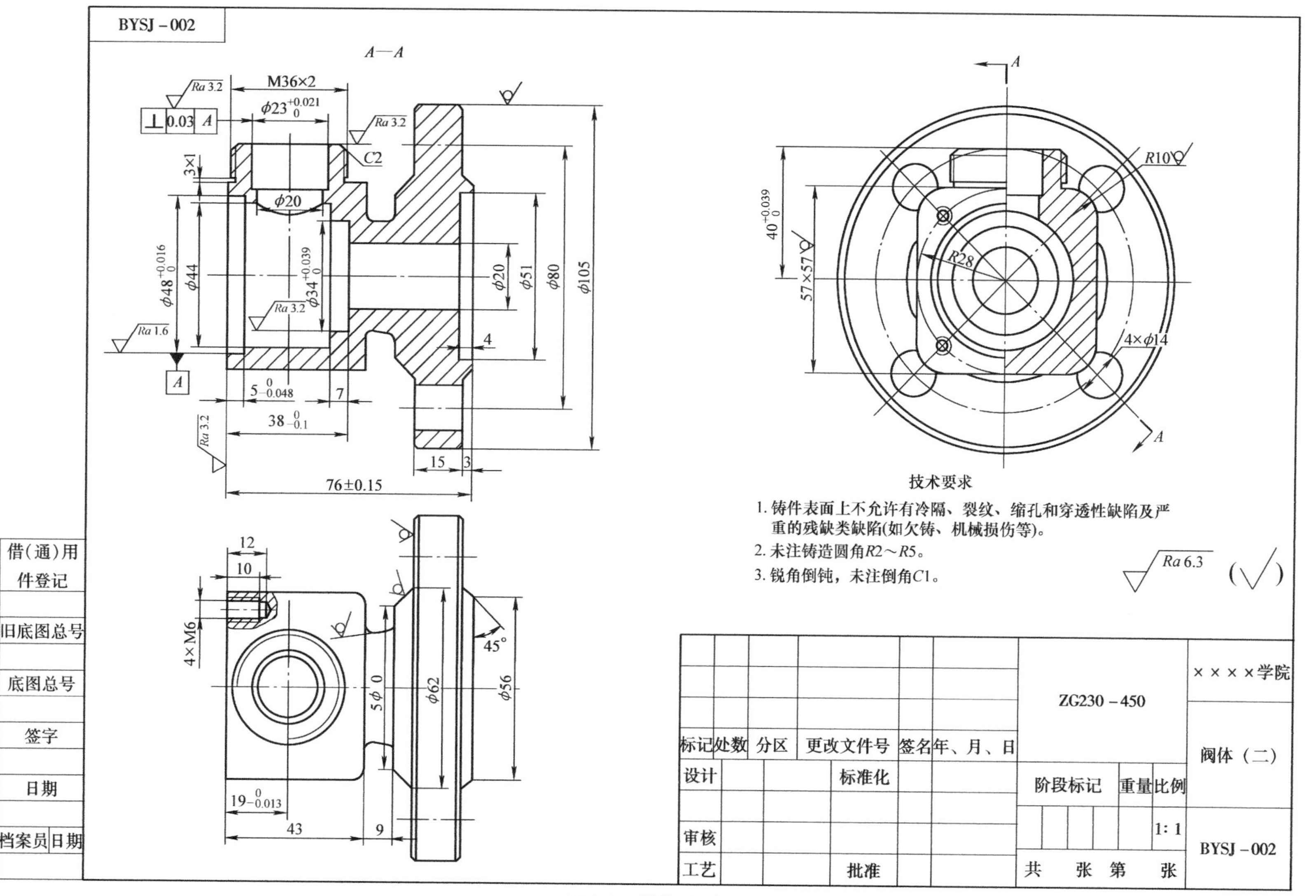

BYSJ－002
A—A
M36×2
技术要求
1. 铸件表面上不允许有冷隔、裂纹、缩孔和穿透性缺陷及严重的残缺类缺陷(如欠铸、机械损伤等)。
2. 未注铸造圆角R2～R5。
3. 锐角倒钝，未注倒角C1。
ZG230－450
××××学院
阀体（二）
BYSJ－002
标记
处数
分区
更改文件号
签名
年、月、日
设计
标准化
阶段标记
重量
比例
1:1
审核
工艺
批准
共　张　第　张
借(通)用件登记
旧底图总号
底图总号
签字
日期
档案员
日期

图 4-2　阀体（二）

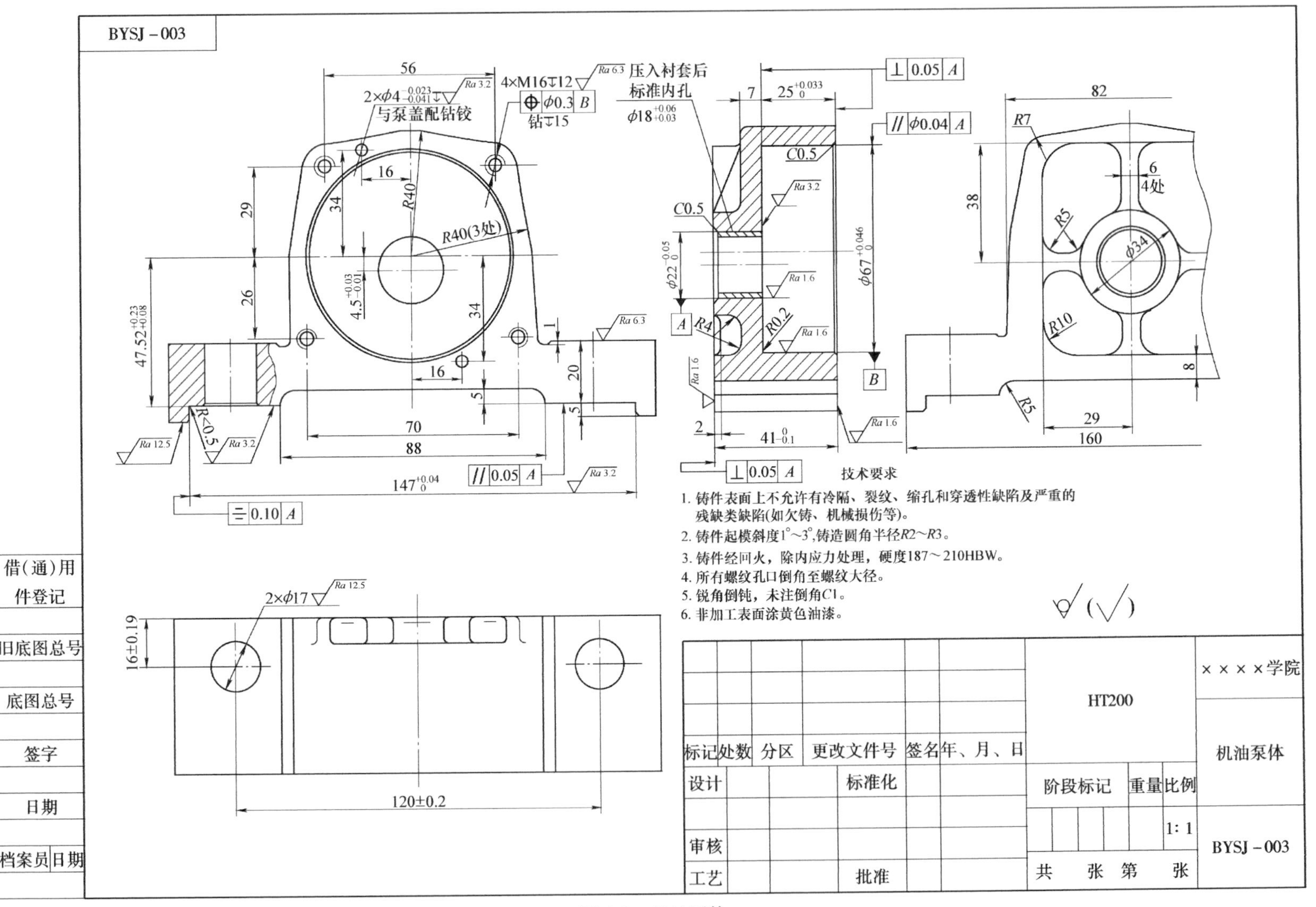
BYSJ－003
56
2×ϕ4 与泵盖配钻铰
4×M16↧12
ϕ0.3 B
钻↧15
压入衬套后标准内孔
ϕ18
R40
R40(3处)
47.52
147
70
88
120±0.2
16±0.19
2×ϕ17
ϕ22
ϕ67
ϕ34
41
82
160
38
技术要求
1. 铸件表面上不允许有冷隔、裂纹、缩孔和穿透性缺陷及严重的残缺类缺陷(如欠铸、机械损伤等)。
2. 铸件起模斜度1°~3°,铸造圆角半径R2~R3。
3. 铸件经回火，除内应力处理，硬度187~210HBW。
4. 所有螺纹孔口倒角至螺纹大径。
5. 锐角倒钝，未注倒角C1。
6. 非加工表面涂黄色油漆。
HT200
××××学院
机油泵体
1∶1
BYSJ－003
借(通)用件登记
旧底图总号
底图总号
签字
日期
档案员日期

图 4-3 机油泵体

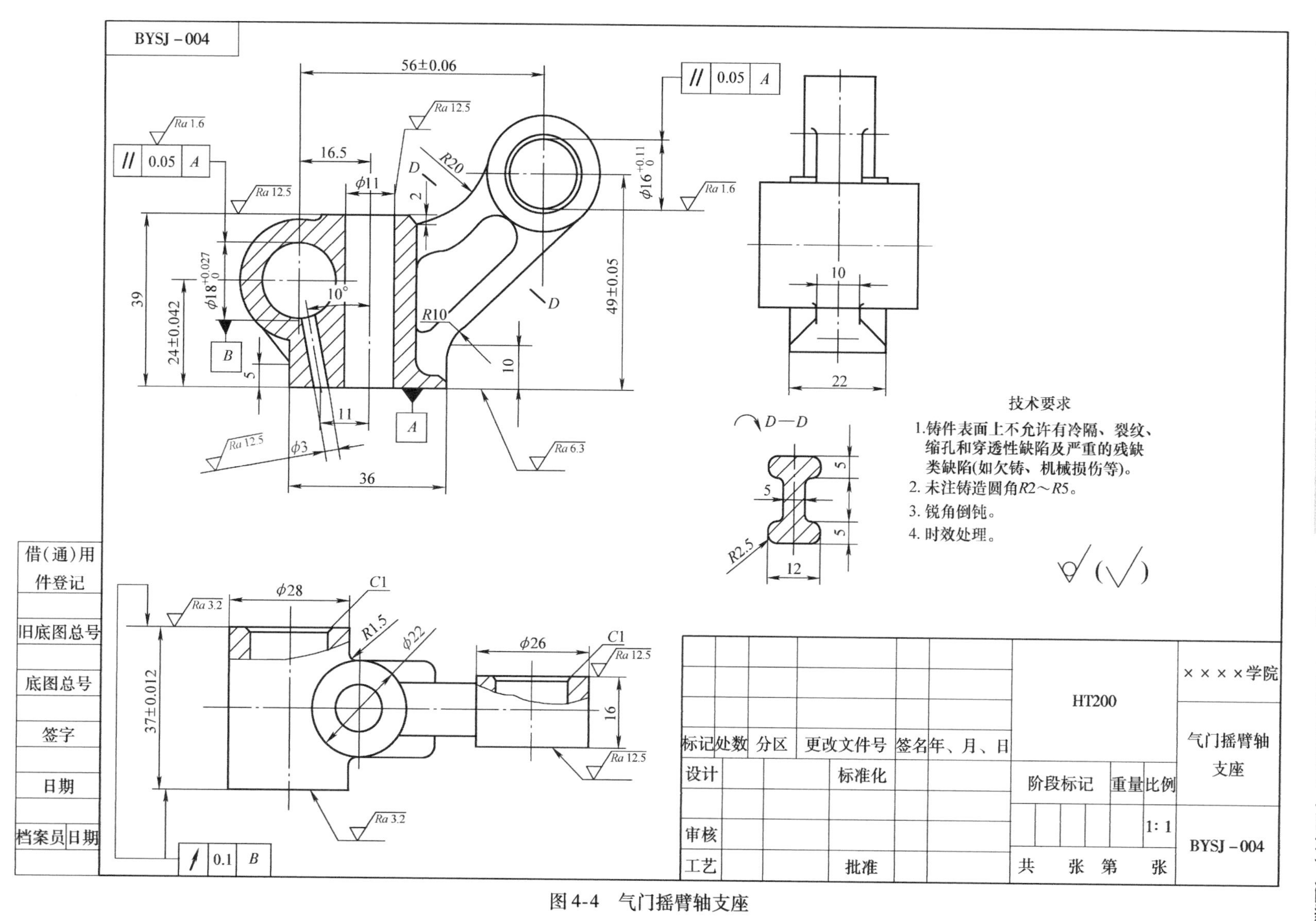
BYSJ－004
56±0.06
16.5
φ11
R20
D
2
Ra 1.6
Ra 12.5
Ra 6.3
Ra 3.2
0.05
A
B
φ16$^{+0.11}_{0}$
39
24±0.042
φ18$^{+0.027}_{0}$
10°
R10
49±0.05
10
5
11
φ3
36
22
D—D
12
R2.5
技术要求
1.铸件表面上不允许有冷隔、裂纹、缩孔和穿透性缺陷及严重的残缺类缺陷(如欠铸、机械损伤等)。
2. 未注铸造圆角R2～R5。
3. 锐角倒钝。
4. 时效处理。
φ28
C1
R1.5
φ22
φ26
16
37±0.012
0.1
借(通)用件登记
旧底图总号
底图总号
签字
日期
档案员日期
HT200
××××学院
气门摇臂轴支座
标记
处数
分区
更改文件号
签名
年、月、日
设计
标准化
阶段标记
重量
比例
1:1
审核
工艺
批准
共 张 第 张
BYSJ－004

图 4-4 气门摇臂轴支座

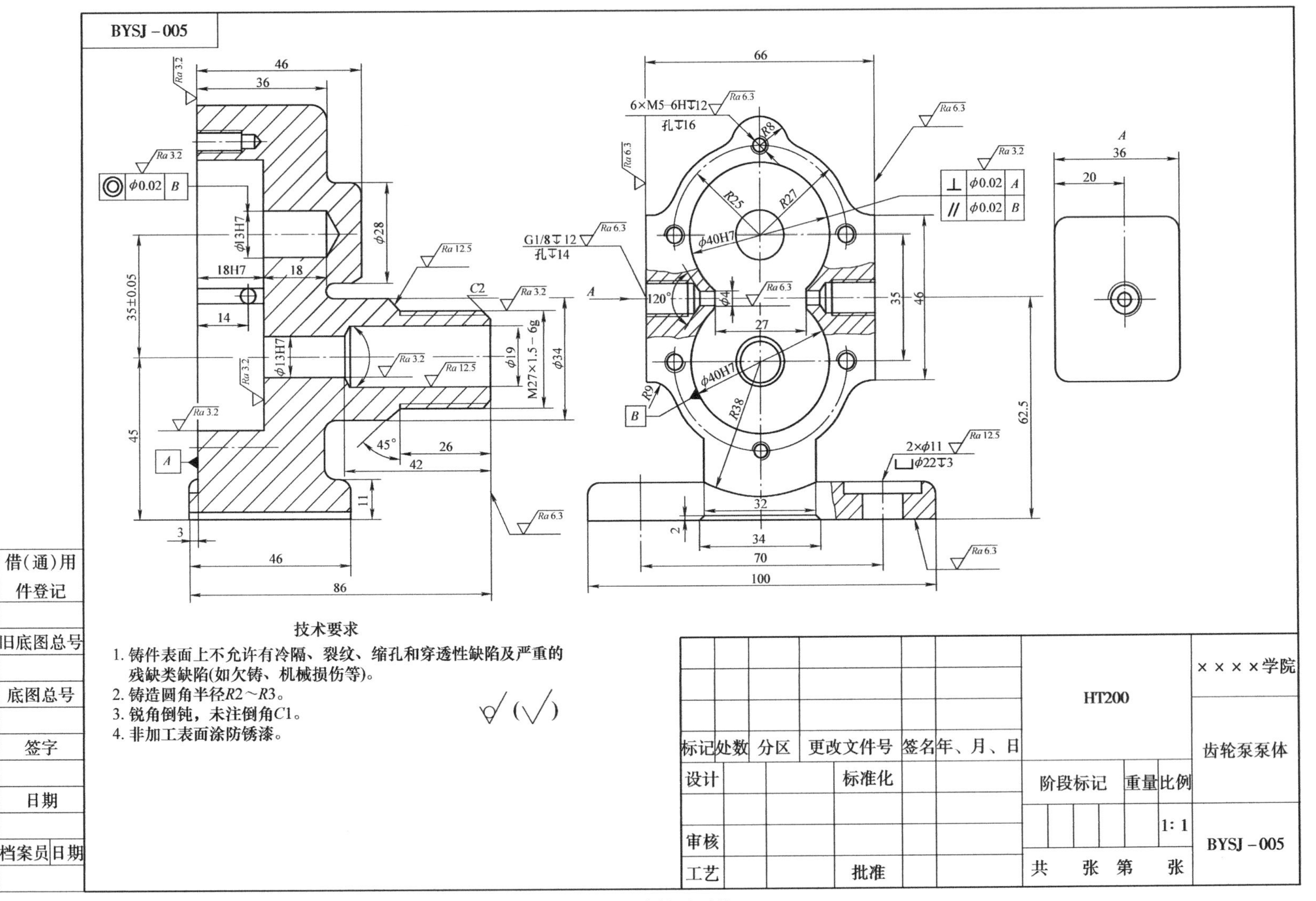
BYSJ-005
技术要求
1. 铸件表面上不允许有冷隔、裂纹、缩孔和穿透性缺陷及严重的残缺类缺陷(如欠铸、机械损伤等)。
2. 铸造圆角半径R2~R3。
3. 锐角倒钝，未注倒角C1。
4. 非加工表面涂防锈漆。
××××学院
HT200
齿轮泵泵体
标记
处数
分区
更改文件号
签名
年、月、日
设计
标准化
审核
工艺
批准
阶段标记
重量
比例
1:1
BYSJ-005
共 张 第 张
借(通)用件登记
旧底图总号
底图总号
签字
日期
档案员
日期

图4-5 齿轮泵泵体

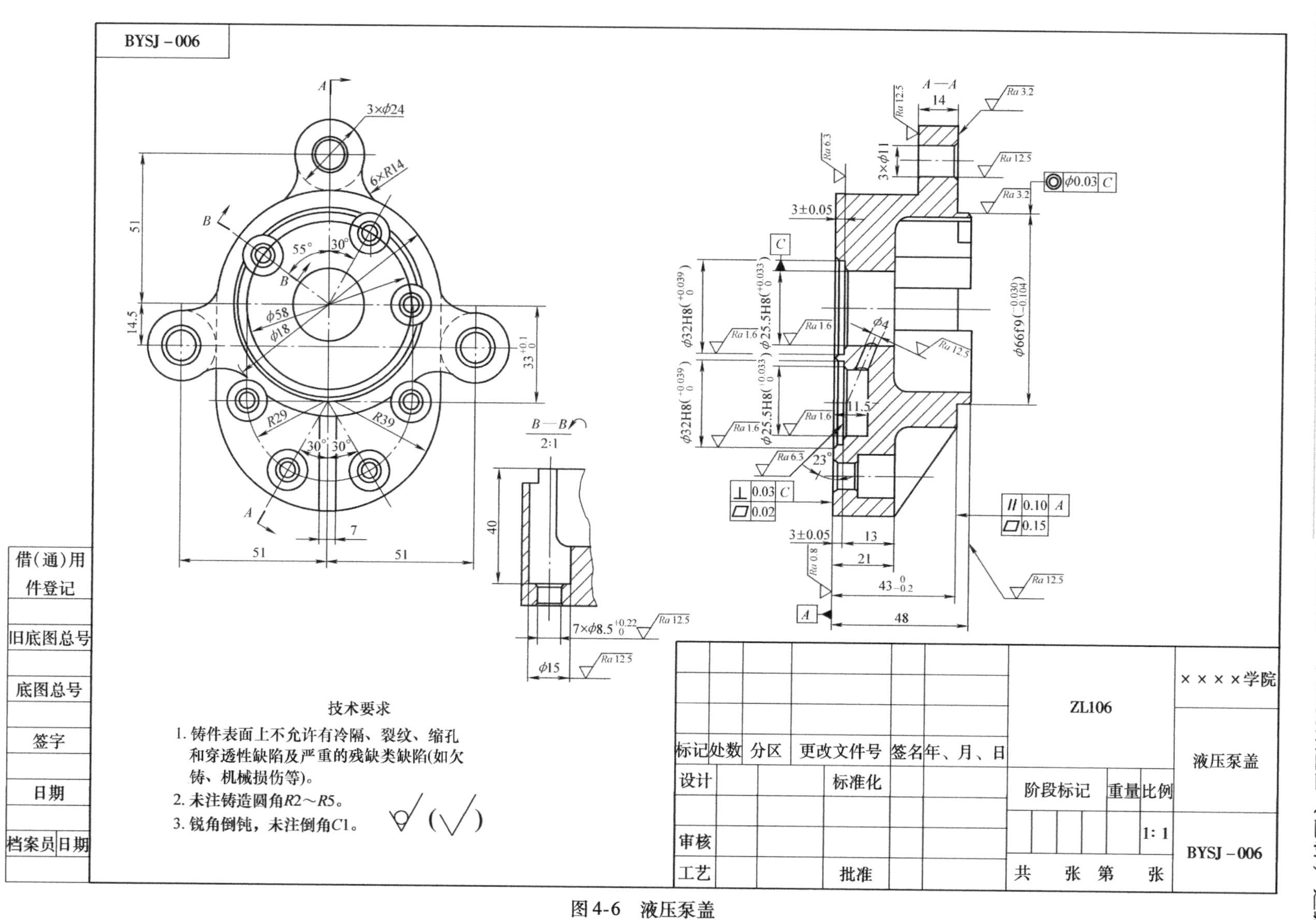
BYSJ－006
A—A
B—B
2:1
技术要求
1. 铸件表面上不允许有冷隔、裂纹、缩孔和穿透性缺陷及严重的残缺类缺陷(如欠铸、机械损伤等)。
2. 未注铸造圆角R2～R5。
3. 锐角倒钝，未注倒角C1。
借(通)用件登记
旧底图总号
底图总号
签字
日期
档案员
日期
标记
处数
分区
更改文件号
签名
年、月、日
设计
标准化
审核
工艺
批准
ZL106
阶段标记
重量
比例
1:1
共　张　第　张
××××学院
液压泵盖
BYSJ－006

图 4-6　液压泵盖

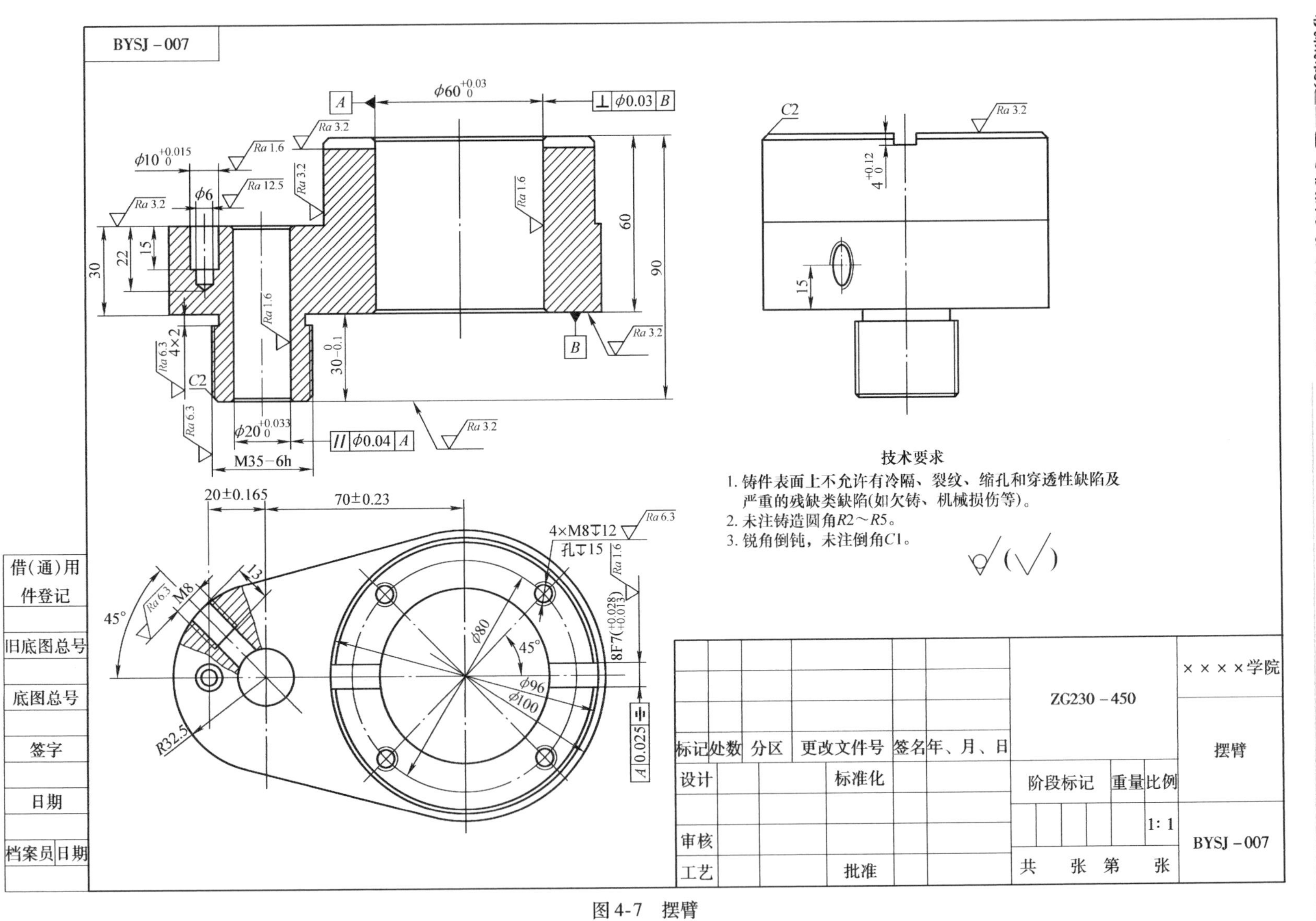
BYSJ－007
技术要求
1. 铸件表面上不允许有冷隔、裂纹、缩孔和穿透性缺陷及严重的残缺类缺陷(如欠铸、机械损伤等)。
2. 未注铸造圆角R2～R5。
3. 锐角倒钝，未注倒角C1。
××××学院
摆臂
BYSJ－007
ZG230－450
阶段标记
重量
比例
1:1
共 张 第 张
标记
处数
分区
更改文件号
签名
年、月、日
设计
标准化
审核
工艺
批准
借(通)用件登记
旧底图总号
底图总号
签字
日期
档案员
日期
90
60
30
22
15
φ60
φ20
φ10
φ6
M35－6h
4×2
C2
φ0.03 B
φ0.04 A
70±0.23
20±0.165
φ80
φ96
φ100
45°
4×M8↧12
孔↧15
8F7
0.025 A
R32.5
M8
13
Ra 1.6
Ra 3.2
Ra 6.3
Ra 12.5

图 4-7 摆臂

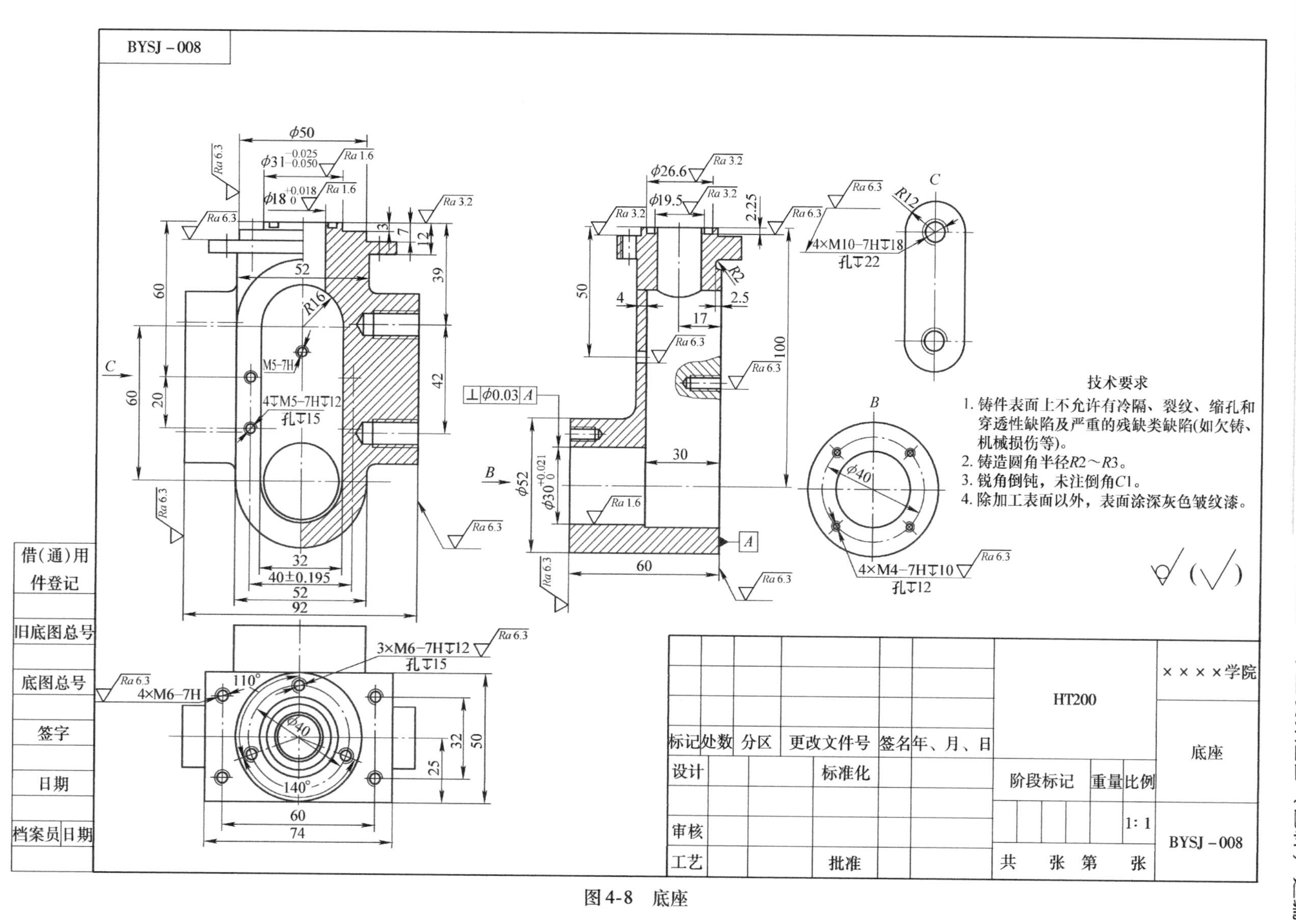
BYSJ－008
技术要求
1. 铸件表面上不允许有冷隔、裂纹、缩孔和穿透性缺陷及严重的残缺类缺陷(如欠铸、机械损伤等)。
2. 铸造圆角半径R2～R3。
3. 锐角倒钝，未注倒角C1。
4. 除加工表面以外，表面涂深灰色皱纹漆。
××××学院
HT200
底座
标记
处数
分区
更改文件号
签名
年、月、日
设计
标准化
阶段标记
重量
比例
1:1
审核
工艺
批准
共　张　第　张
BYSJ－008
借(通)用件登记
旧底图总号
底图总号
签字
日期
档案员
日期

图 4-8　底座

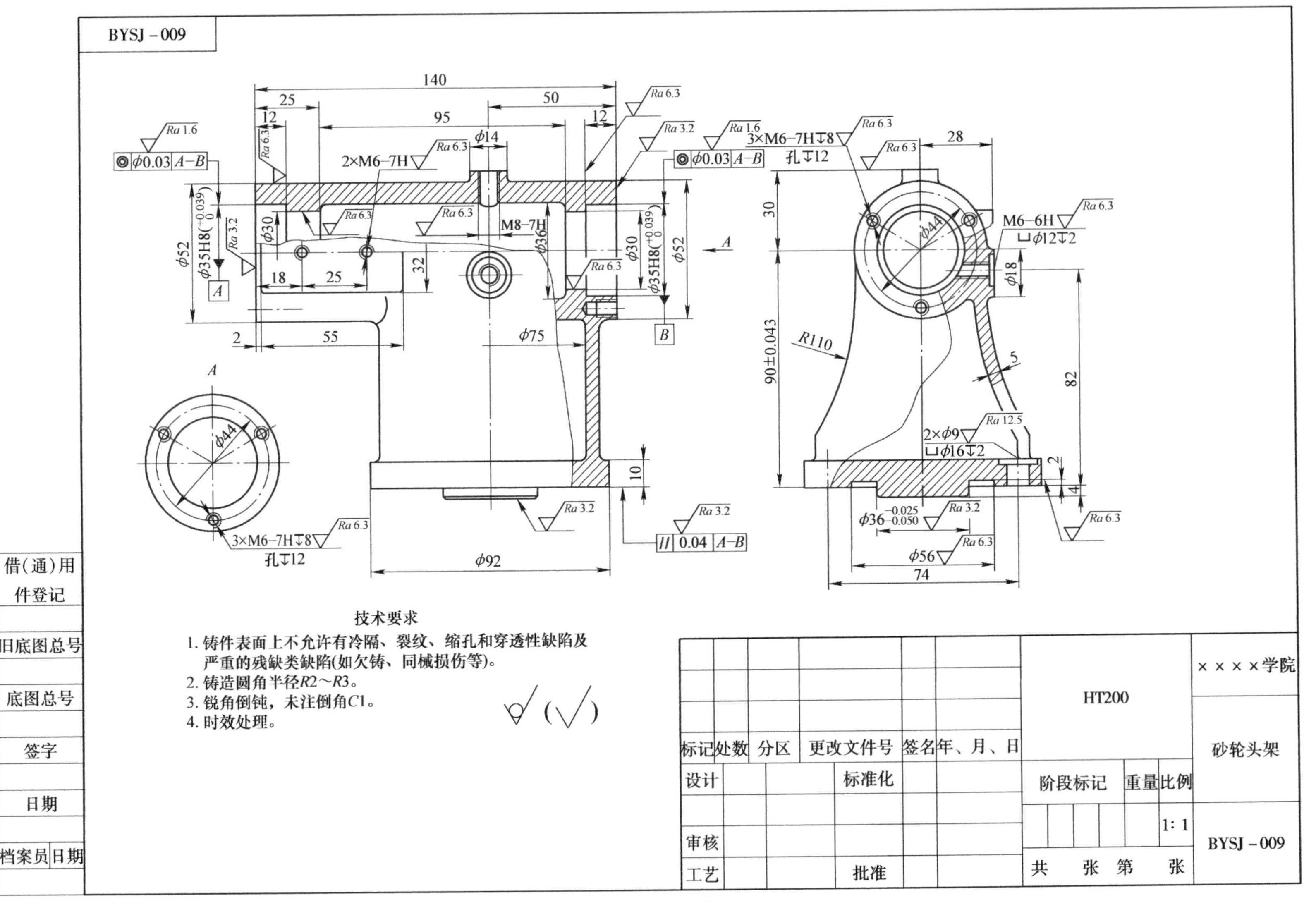
BYSJ－009
技术要求
1. 铸件表面上不允许有冷隔、裂纹、缩孔和穿透性缺陷及严重的残缺类缺陷(如欠铸、同械损伤等)。
2. 铸造圆角半径R2～R3。
3. 锐角倒钝，未注倒角C1。
4. 时效处理。
HT200
××××学院
砂轮头架
BYSJ－009
标记
处数
分区
更改文件号
签名
年、月、日
设计
标准化
审核
工艺
批准
阶段标记
重量
比例
1∶1
共 张 第 张
借(通)用件登记
旧底图总号
底图总号
签字
日期
档案员
日期

图 4-9 砂轮头架

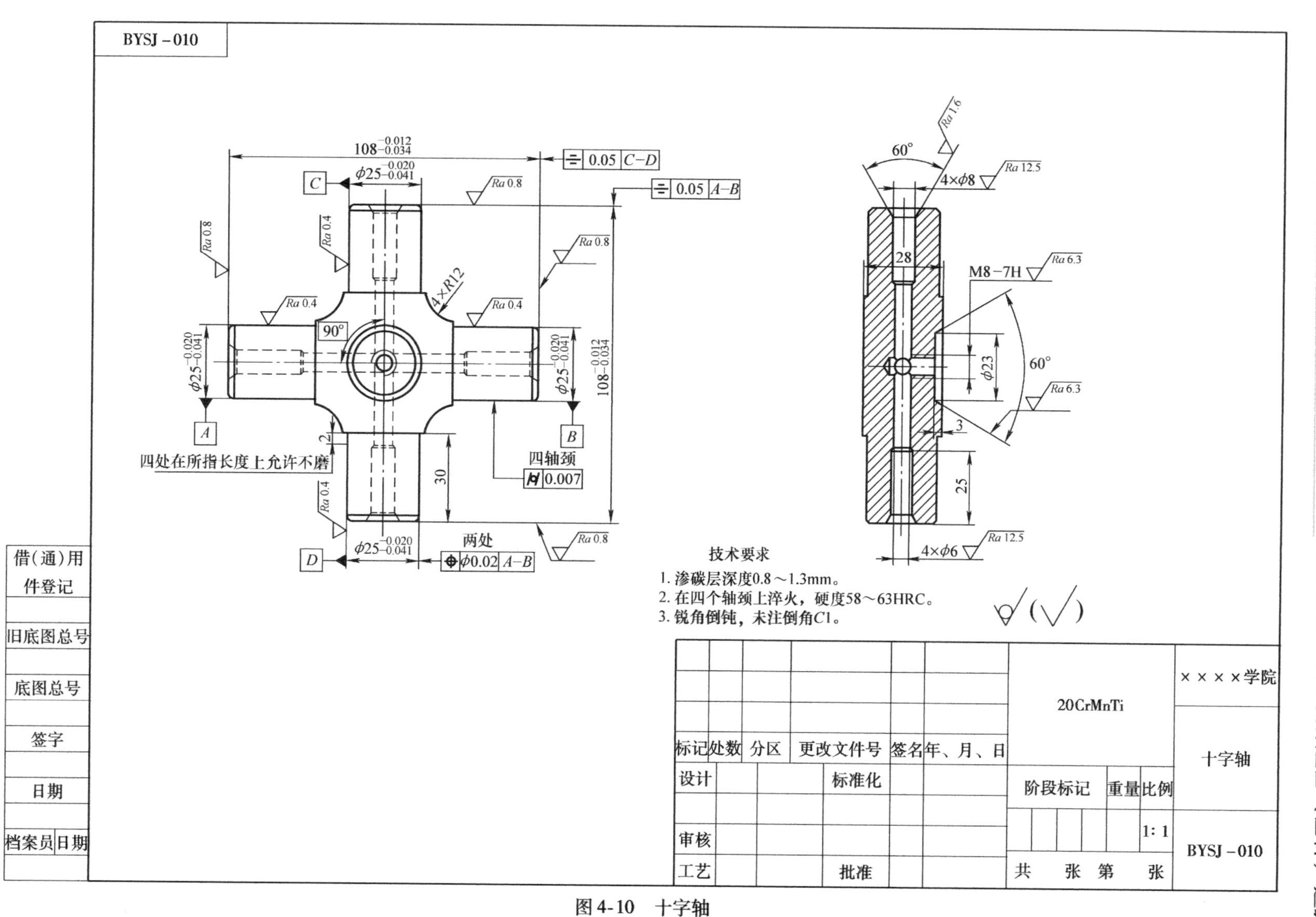
BYSJ－010
$108^{-0.012}_{-0.034}$
$\phi25^{-0.020}_{-0.041}$
0.05 C－D
0.05 A－B
C
D
A
B
Ra 0.8
Ra 0.4
4×R12
90°
2
30
四处在所指长度上允许不磨
四轴颈
0.007
两处
ϕ0.02 A－B
60°
Ra 1.6
4×ϕ8
Ra 12.5
28
M8－7H
Ra 6.3
ϕ23
3
25
4×ϕ6
技术要求
1. 渗碳层深度0.8～1.3mm。
2. 在四个轴颈上淬火，硬度58～63HRC。
3. 锐角倒钝，未注倒角C1。
标记
处数
分区
更改文件号
签名
年、月、日
设计
标准化
审核
工艺
批准
20CrMnTi
阶段标记
重量
比例
1:1
共　张　第　张
××××学院
十字轴
BYSJ－010
借(通)用件登记
旧底图总号
底图总号
签字
日期
档案员
日期

图 4-10　十字轴

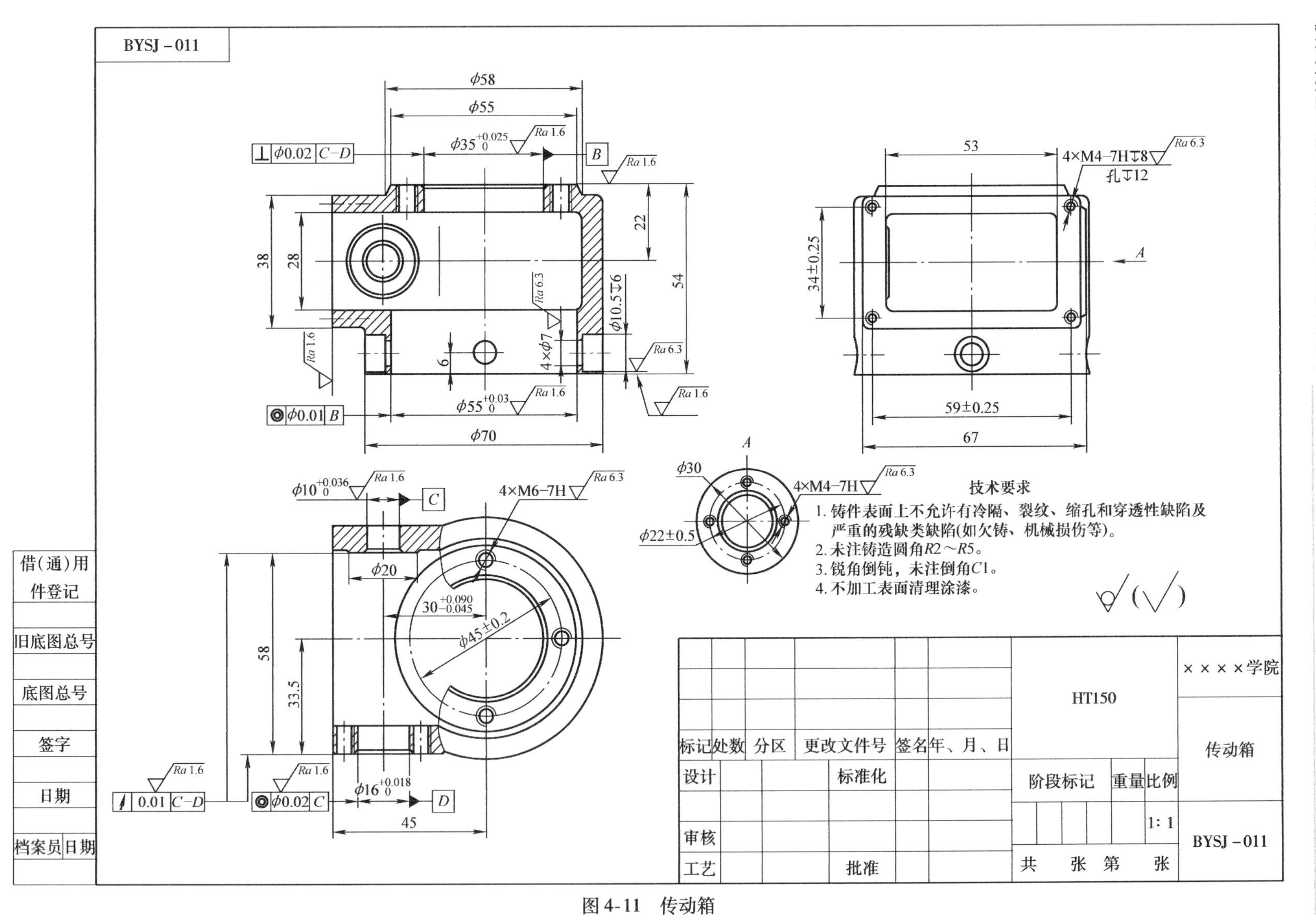
BYSJ－011
ϕ58
ϕ55
ϕ35 +0.025 0
⊥ ϕ0.02 C−D
B
Ra 1.6
Ra 6.3
38
28
22
54
6
4×ϕ7
ϕ10.5↧6
ϕ55 +0.03 0
◎ ϕ0.01 B
ϕ70
53
4×M4-7H↧8
孔↧12
34±0.25
A
59±0.25
67
ϕ10 +0.036 0
C
4×M6-7H
ϕ20
30 +0.090 −0.045
ϕ45±0.2
58
33.5
ϕ16 +0.018 0
D
45
↗ 0.01 C−D
◎ ϕ0.02 C
ϕ30
4×M4-7H
ϕ22±0.5
技术要求
1. 铸件表面上不允许有冷隔、裂纹、缩孔和穿透性缺陷及严重的残缺类缺陷(如欠铸、机械损伤等)。
2. 未注铸造圆角R2～R5。
3. 锐角倒钝，未注倒角C1。
4. 不加工表面清理涂漆。
借(通)用件登记
旧底图总号
底图总号
签字
日期
档案员
日期
标记
处数
分区
更改文件号
签名
年、月、日
设计
标准化
审核
工艺
批准
HT150
阶段标记
重量
比例
1∶1
共 张 第 张
× × × ×学院
传动箱
BYSJ－011

图 4-11 传动箱

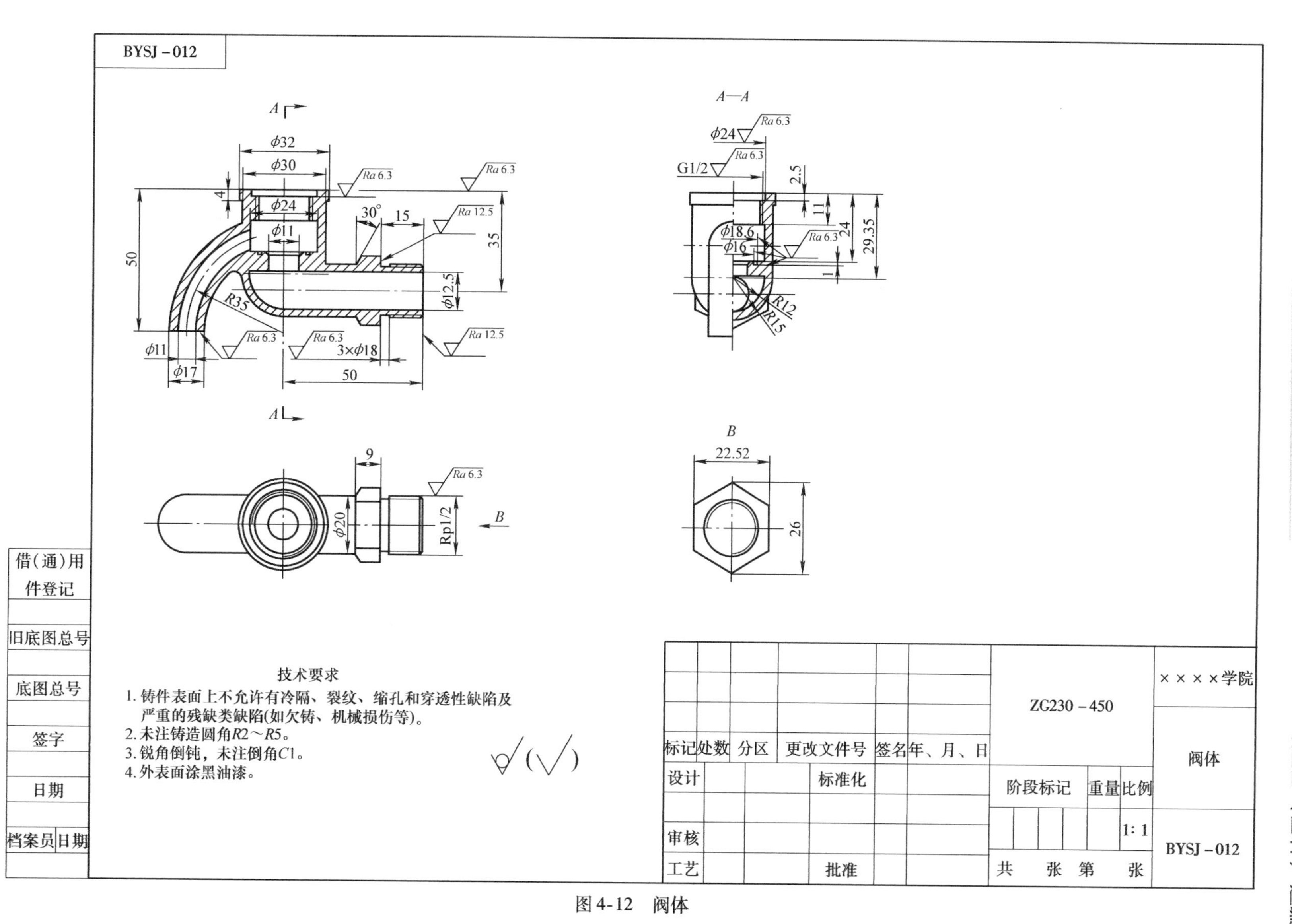
BYSJ-012
A—A
B
技术要求
1. 铸件表面上不允许有冷隔、裂纹、缩孔和穿透性缺陷及严重的残缺类缺陷(如欠铸、机械损伤等)。
2. 未注铸造圆角R2～R5。
3. 锐角倒钝，未注倒角C1。
4. 外表面涂黑油漆。
标记
处数
分区
更改文件号
签名
年、月、日
设计
标准化
审核
工艺
批准
ZG230-450
阶段标记
重量
比例
1: 1
共　张　第　张
××××学院
阀体
BYSJ-012
借(通)用件登记
旧底图总号
底图总号
签字
日期
档案员
日期

图 4-12　阀体

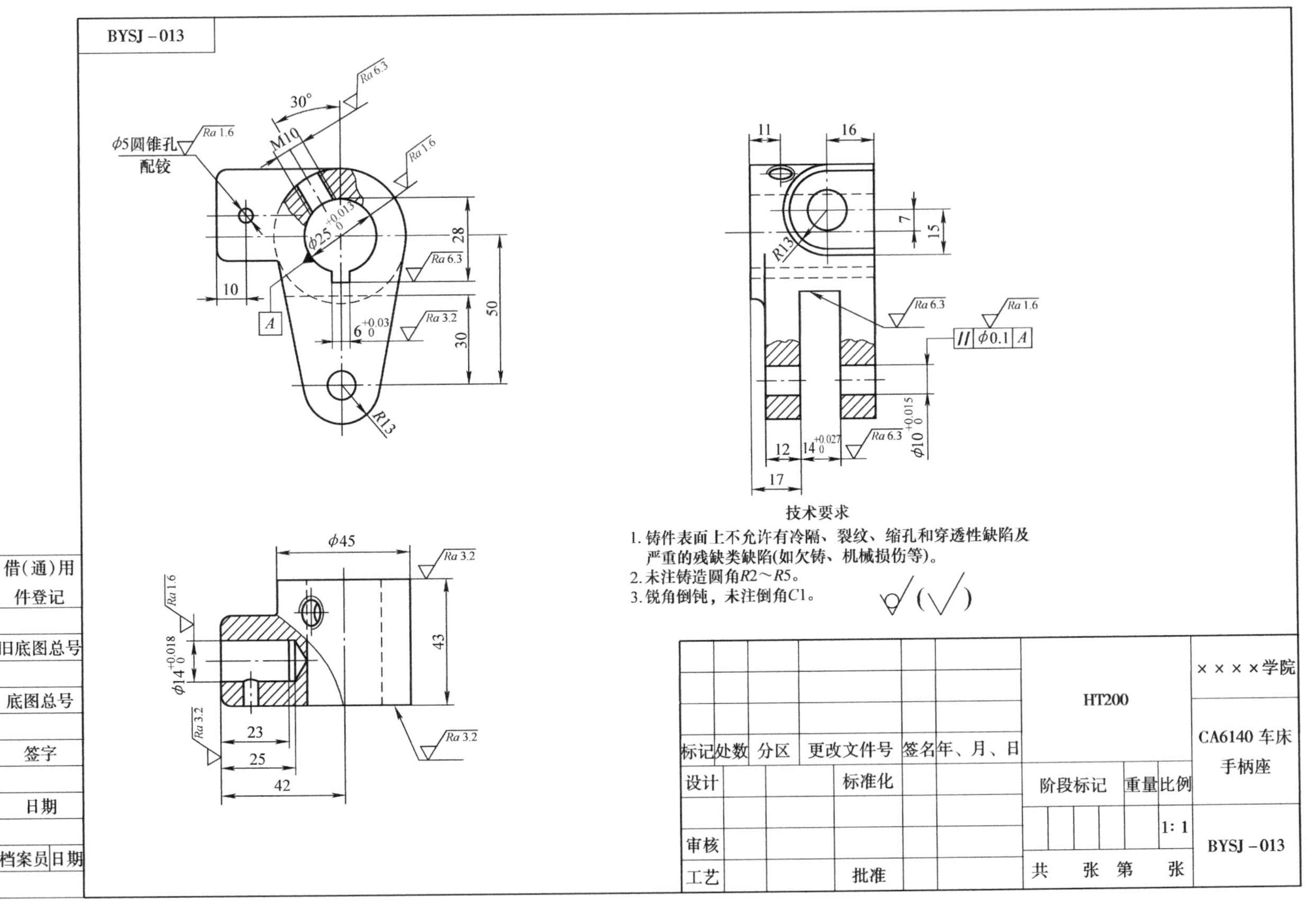

图 4-13　CA6140 车床手柄座

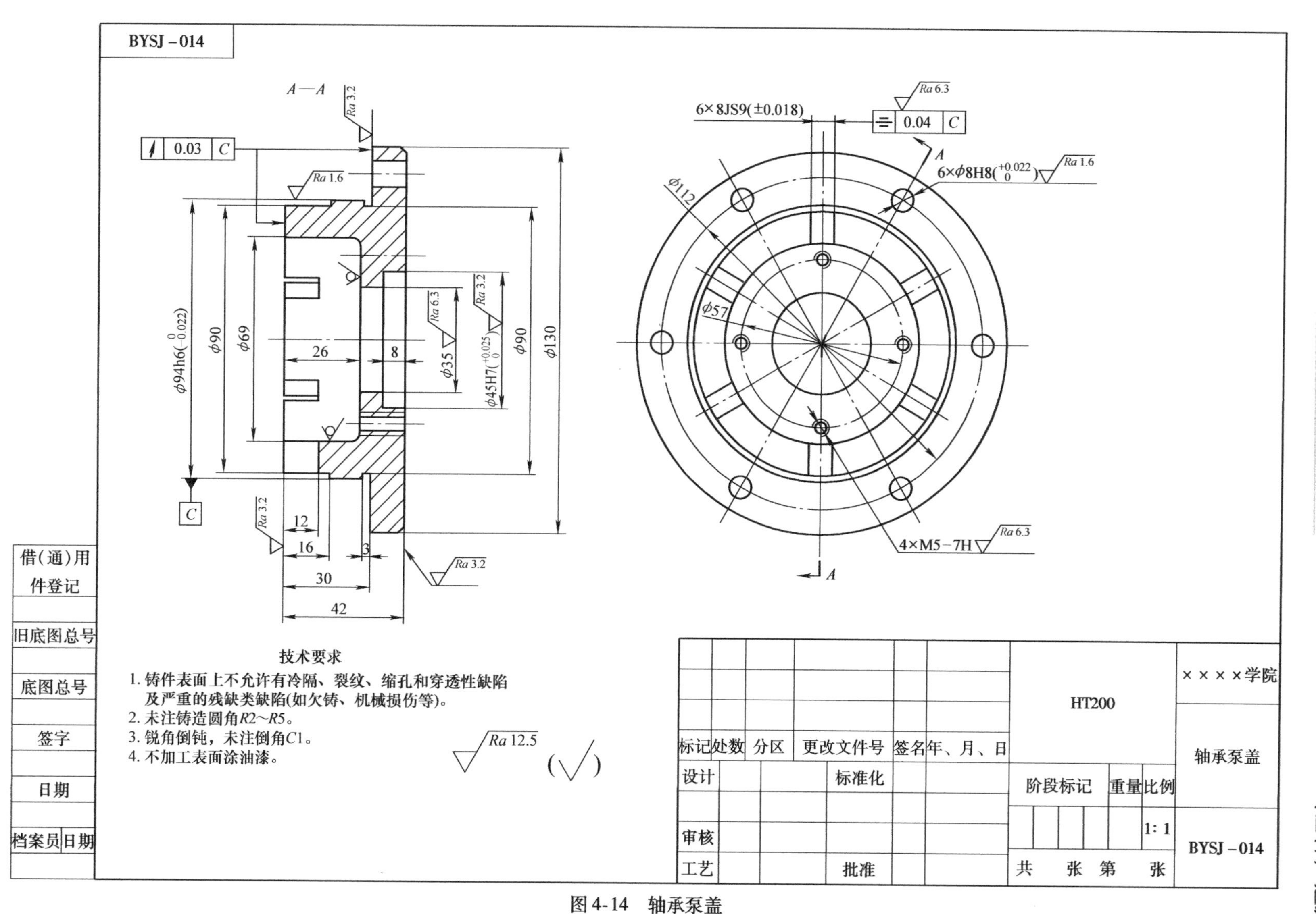
BYSJ－014
A—A
技术要求
1. 铸件表面上不允许有冷隔、裂纹、缩孔和穿透性缺陷及严重的残缺类缺陷(如欠铸、机械损伤等)。
2. 未注铸造圆角R2~R5。
3. 锐角倒钝，未注倒角C1。
4. 不加工表面涂油漆。
××××学院
HT200
轴承泵盖
BYSJ－014
1: 1
标记 处数 分区 更改文件号 签名 年、月、日
设计 标准化 阶段标记 重量 比例
审核
工艺 批准 共 张 第 张
借(通)用件登记
旧底图总号
底图总号
签字
日期
档案员 日期

图 4-14　轴承泵盖

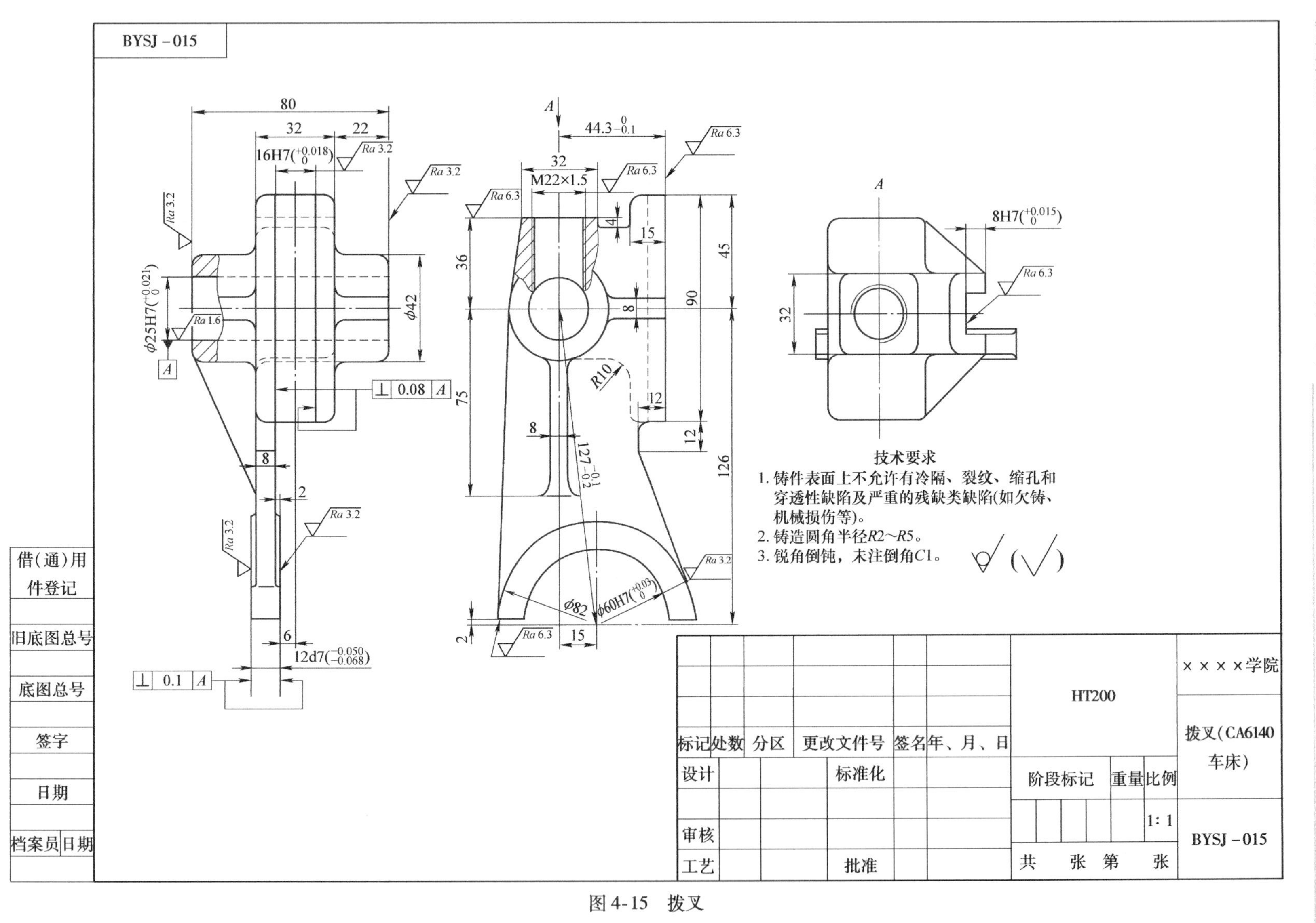
BYSJ－015
技术要求
1. 铸件表面上不允许有冷隔、裂纹、缩孔和穿透性缺陷及严重的残缺类缺陷(如欠铸、机械损伤等)。
2. 铸造圆角半径R2~R5。
3. 锐角倒钝，未注倒角C1。
借(通)用件登记
旧底图总号
底图总号
签字
日期
档案员日期
标记
处数
分区
更改文件号
签名
年、月、日
设计
标准化
审核
工艺
批准
HT200
阶段标记
重量
比例
1:1
共 张 第 张
××××学院
拨叉(CA6140车床)
BYSJ－015

图 4-15 拨叉

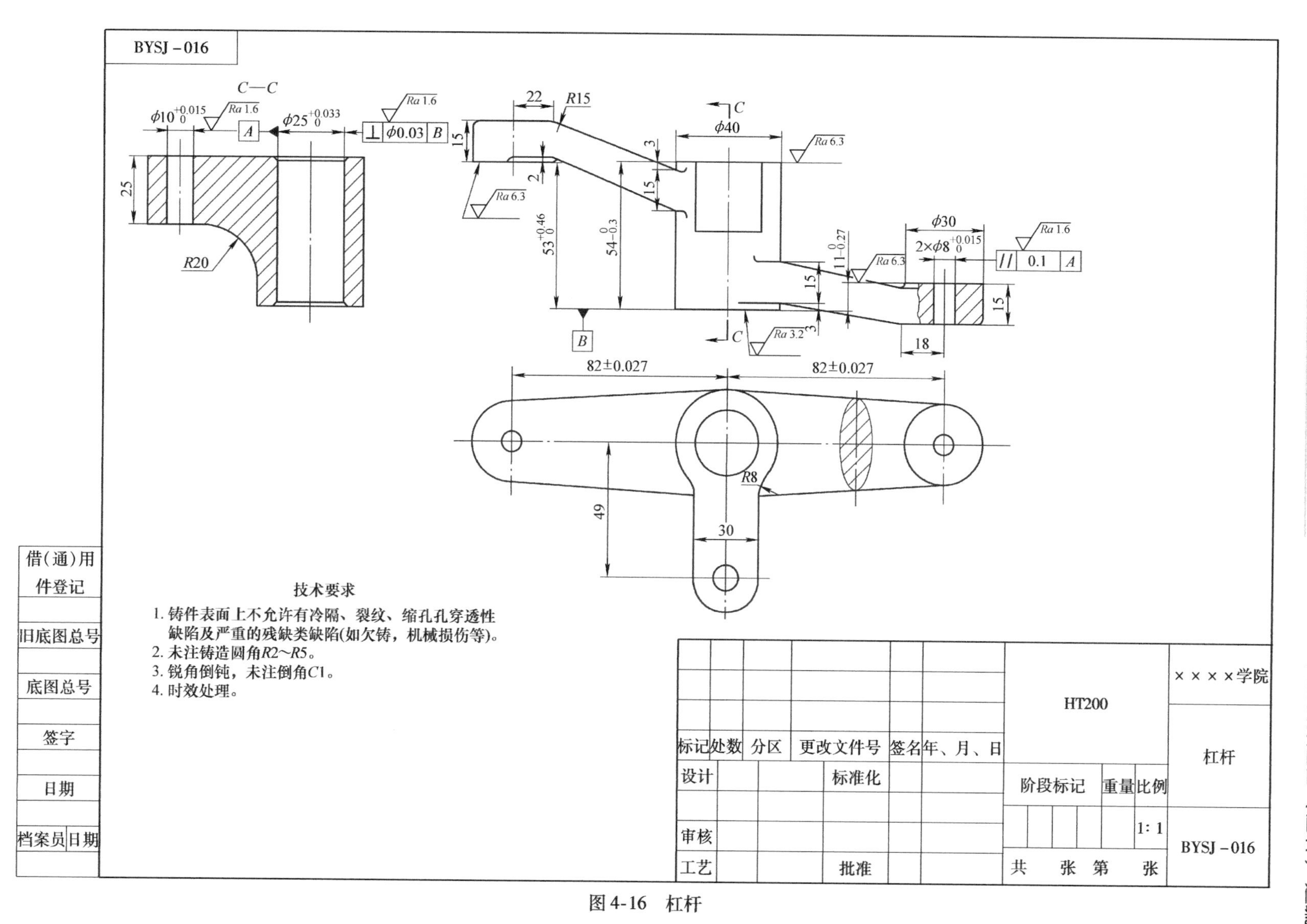
BYSJ－016
C—C
R20
R15
R8
技术要求
1. 铸件表面上不允许有冷隔、裂纹、缩孔孔穿透性缺陷及严重的残缺类缺陷(如欠铸，机械损伤等)。
2. 未注铸造圆角R2～R5。
3. 锐角倒钝，未注倒角C1。
4. 时效处理。
借(通)用件登记
旧底图总号
底图总号
签字
日期
档案员
日期
标记
处数
分区
更改文件号
签名
年、月、日
设计
标准化
审核
工艺
批准
HT200
阶段标记
重量
比例
1∶1
共 张 第 张
××××学院
杠杆
BYSJ－016

图4-16 杠杆

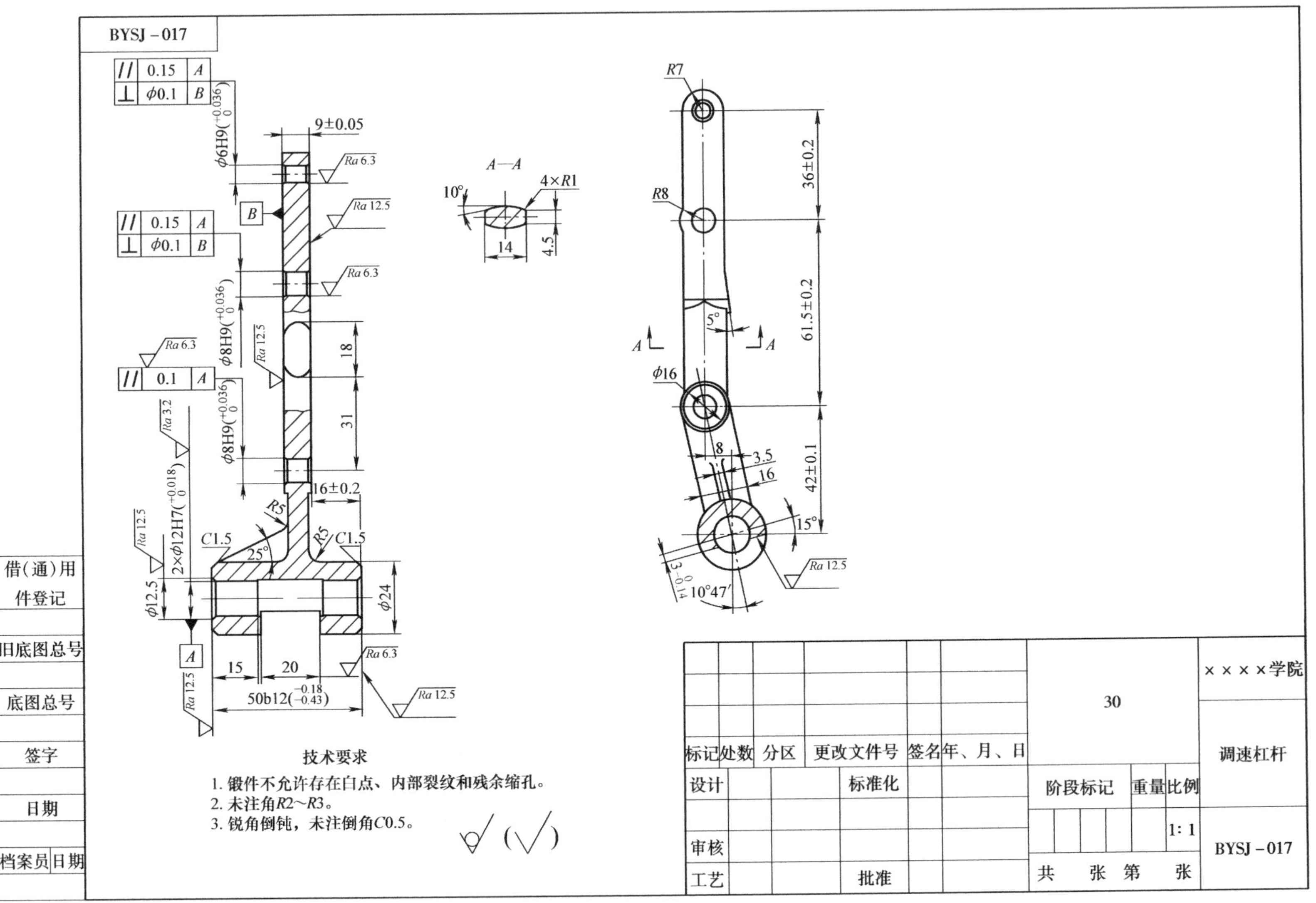
BYSJ-017
A—A
4×R1
技术要求
1. 锻件不允许存在白点、内部裂纹和残余缩孔。
2. 未注角R2~R3。
3. 锐角倒钝，未注倒角C0.5。
借(通)用件登记
旧底图总号
底图总号
签字
日期
档案员
日期
标记
处数
分区
更改文件号
签名
年、月、日
设计
标准化
审核
批准
工艺
30
阶段标记
重量
比例
1∶1
共 张 第 张
××××学院
调速杠杆
BYSJ-017

图 4-17 调速杠杆

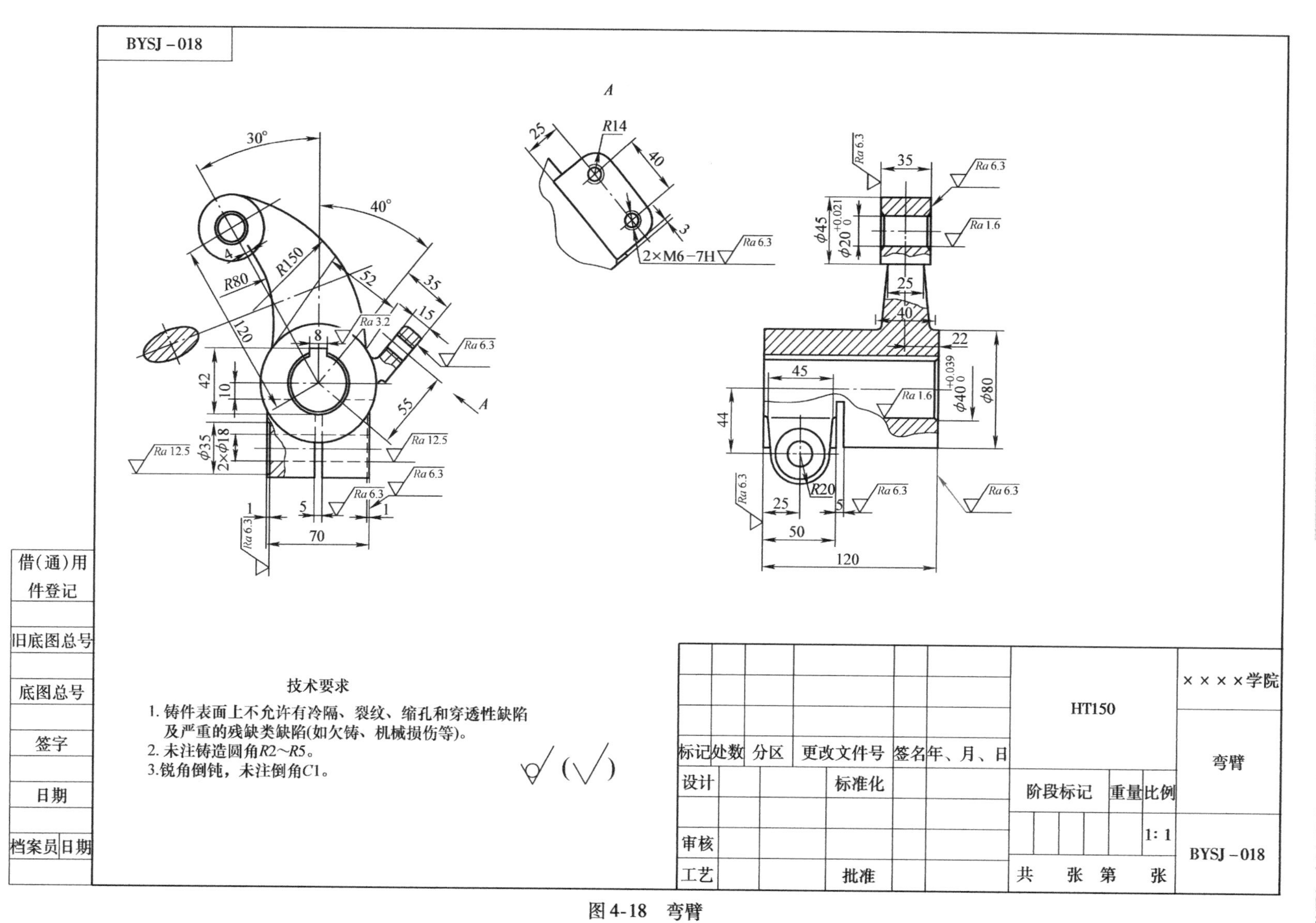
BYSJ－018
A
2×M6－7H
技术要求
1. 铸件表面上不允许有冷隔、裂纹、缩孔和穿透性缺陷及严重的残缺类缺陷(如欠铸、机械损伤等)。
2. 未注铸造圆角R2~R5。
3.锐角倒钝，未注倒角C1。
借(通)用件登记
旧底图总号
底图总号
签字
日期
档案员
日期
标记
处数
分区
更改文件号
签名
年、月、日
设计
标准化
审核
工艺
批准
HT150
阶段标记
重量
比例
1:1
共　张　第　张
××××学院
弯臂
BYSJ－018

图 4-18　弯臂

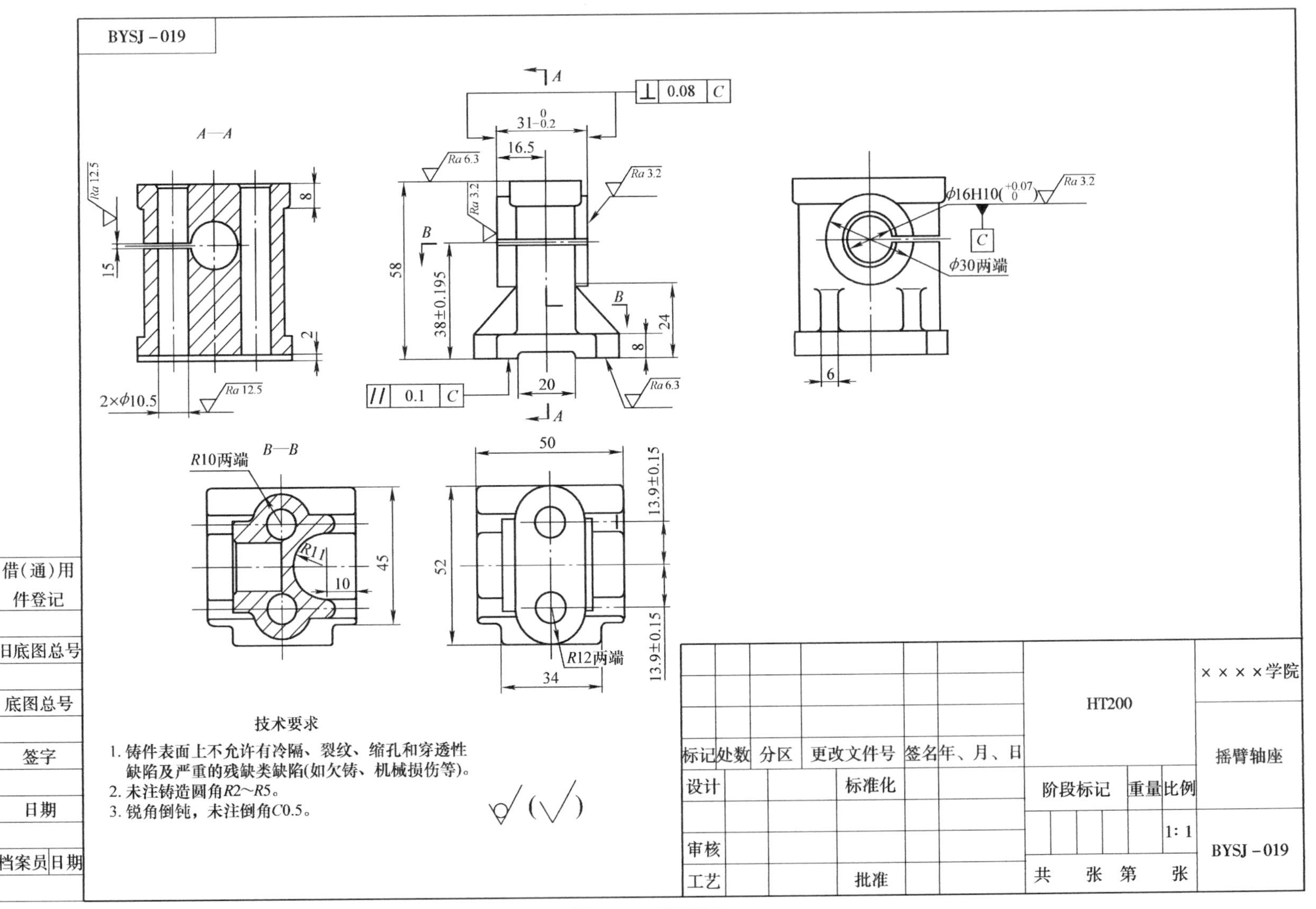
BYSJ-019
A—A
B—B
0.08 C
$31^{\ 0}_{-0.2}$
16.5
Ra 6.3
Ra 3.2
Ra 12.5
8
15
2
2×φ10.5
58
38±0.195
24
20
0.1 C
φ16H10($^{+0.07}_{\ 0}$)
φ30两端
6
R10两端
R11
10
45
50
52
13.9±0.15
R12两端
34
技术要求
1. 铸件表面上不允许有冷隔、裂纹、缩孔和穿透性缺陷及严重的残缺类缺陷(如欠铸、机械损伤等)。
2. 未注铸造圆角R2~R5。
3. 锐角倒钝，未注倒角C0.5。
借(通)用件登记
旧底图总号
底图总号
签字
日期
档案员 日期
标记 处数 分区 更改文件号 签名 年、月、日
设计 标准化
审核
工艺 批准
HT200
阶段标记 重量 比例
1:1
共 张 第 张
××××学院
摇臂轴座
BYSJ-019

图 4-19 摇臂轴座

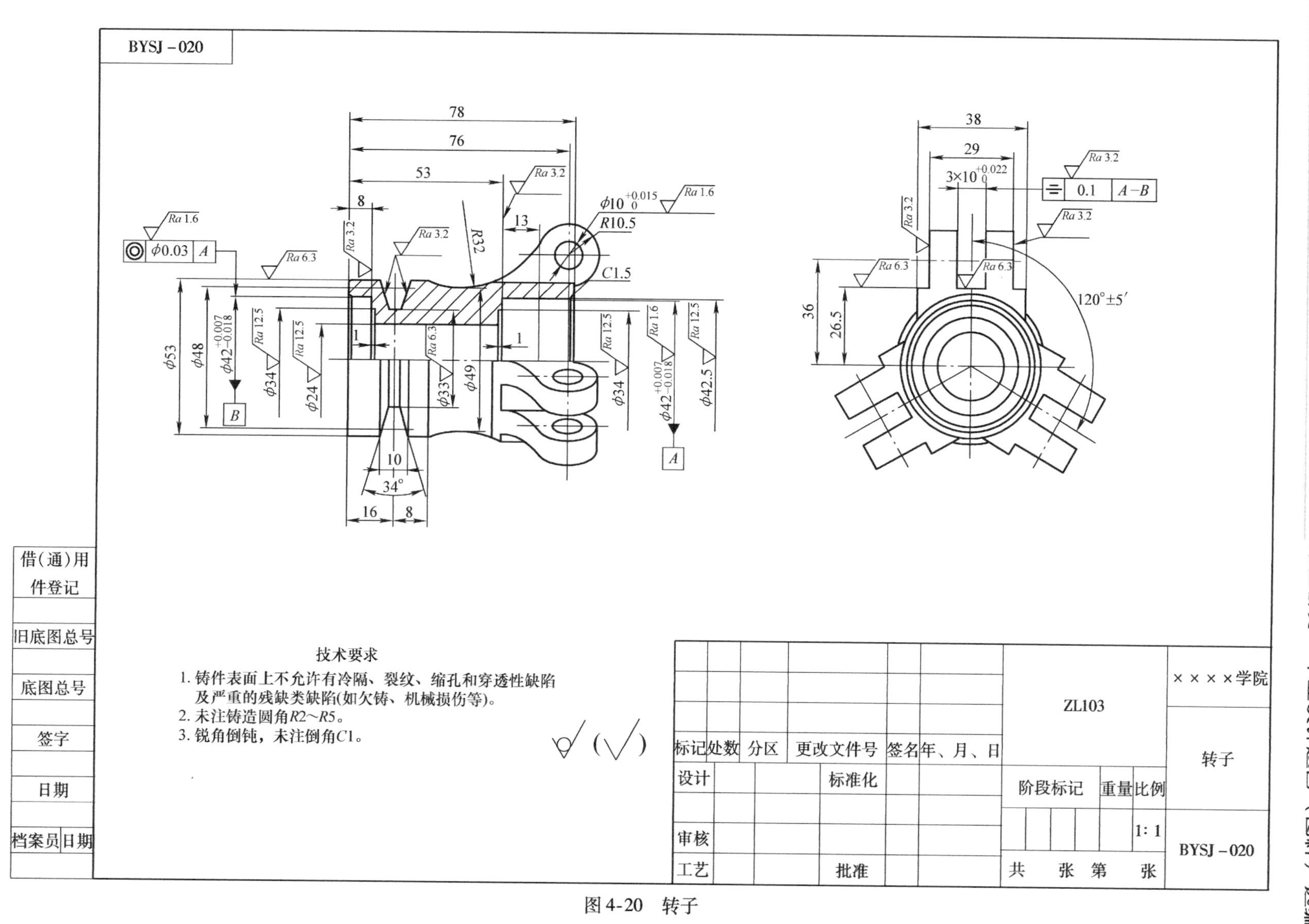
BYSJ－020
78
76
53
8
13
R32
φ10 +0.015 0
R10.5
C1.5
φ0.03 A
φ53
φ48
φ42 +0.007 −0.018
φ34
φ24
φ33
φ49
φ42.5
B
A
10
34°
16
38
29
3×10 +0.022 0
0.1 A−B
36
26.5
120°±5′
技术要求
1. 铸件表面上不允许有冷隔、裂纹、缩孔和穿透性缺陷及严重的残缺类缺陷(如欠铸、机械损伤等)。
2. 未注铸造圆角R2~R5。
3. 锐角倒钝，未注倒角C1。
借(通)用件登记
旧底图总号
底图总号
签字
日期
档案员
日期
标记
处数
分区
更改文件号
签名
年、月、日
设计
标准化
审核
工艺
批准
ZL103
阶段标记
重量
比例
1:1
共　张　第　张
××××学院
转子
BYSJ－020

图 4-20　转子

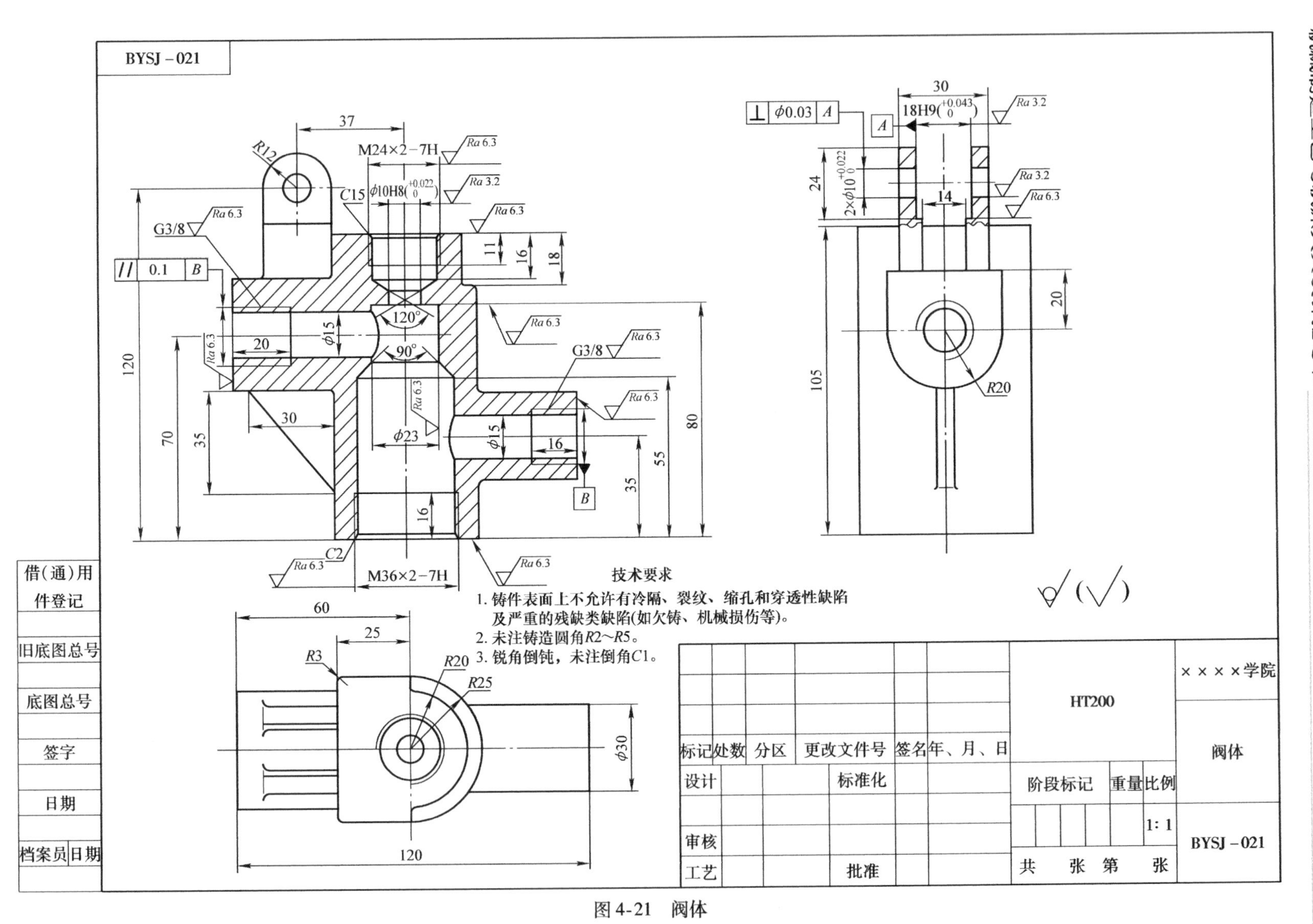
BYSJ－021
技术要求
1. 铸件表面上不允许有冷隔、裂纹、缩孔和穿透性缺陷及严重的残缺类缺陷(如欠铸、机械损伤等)。
2. 未注铸造圆角R2~R5。
3. 锐角倒钝，未注倒角C1。
M24×2－7H
M36×2－7H
G3/8
HT200
××××学院
阀体
BYSJ－021
标记 处数 分区 更改文件号 签名 年、月、日
设计 标准化
审核
工艺 批准
阶段标记 重量 比例
1:1
共 张 第 张
借(通)用件登记
旧底图总号
底图总号
签字
日期
档案员 日期

图4-21 阀体

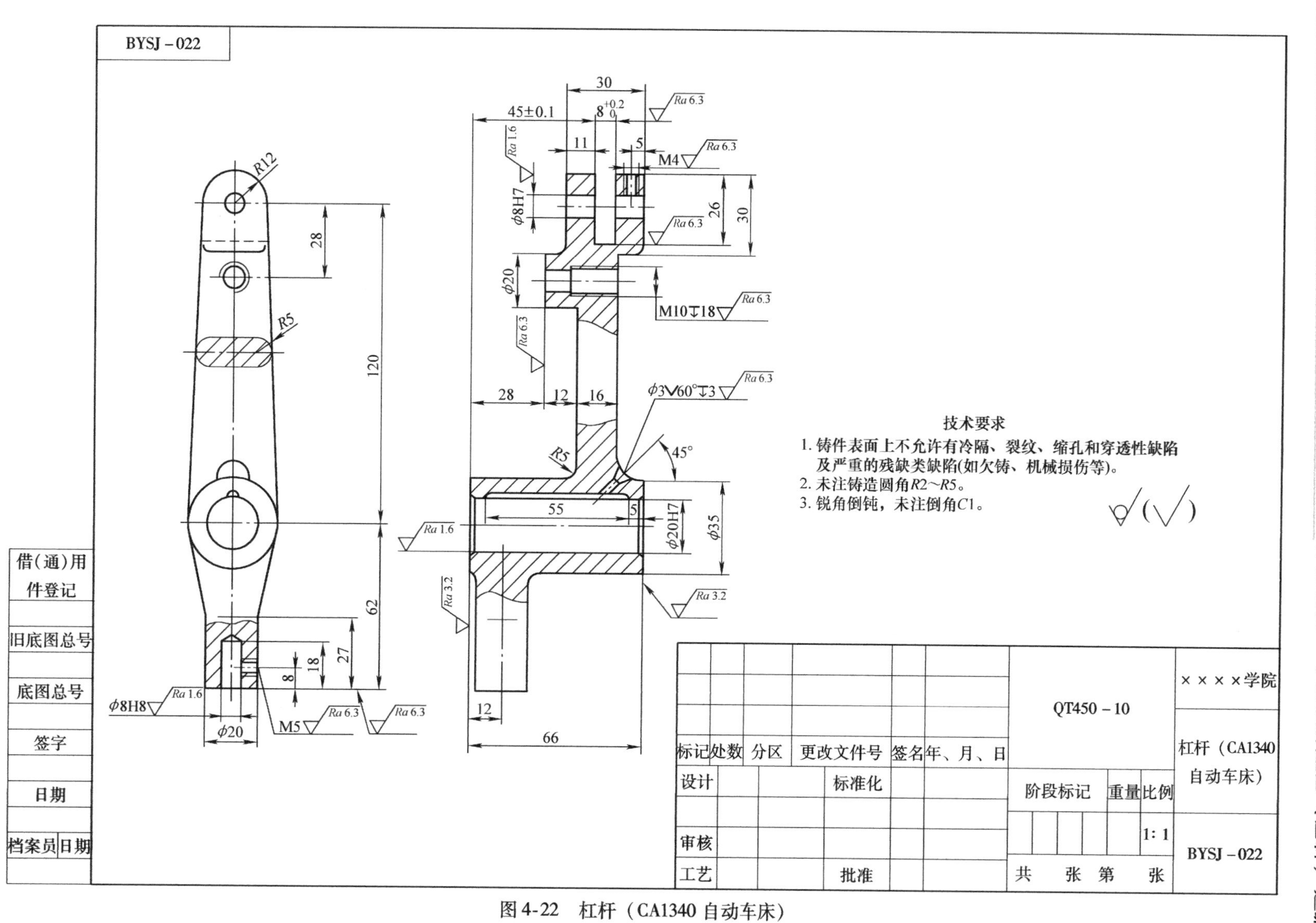

图 4-22　杠杆（CA1340 自动车床）

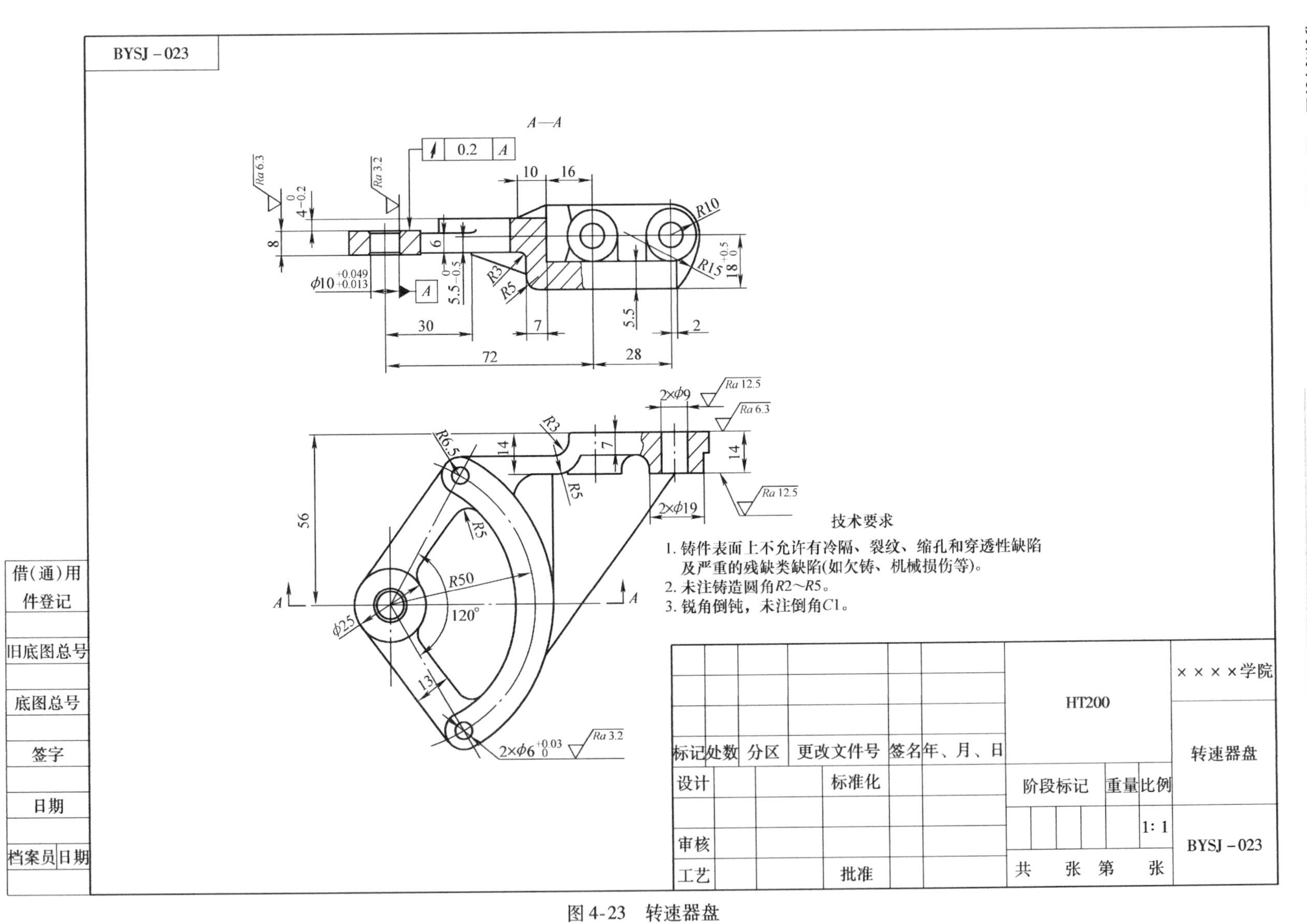
BYSJ－023
A—A
技术要求
1. 铸件表面上不允许有冷隔、裂纹、缩孔和穿透性缺陷及严重的残缺类缺陷(如欠铸、机械损伤等)。
2. 未注铸造圆角R2～R5。
3. 锐角倒钝，未注倒角C1。
××××学院
转速器盘
BYSJ－023
HT200
标记
处数
分区
更改文件号
签名
年、月、日
设计
标准化
审核
工艺
批准
阶段标记
重量
比例
1:1
共　张　第　张
借(通)用件登记
旧底图总号
底图总号
签字
日期
档案员
日期

图 4-23　转速器盘

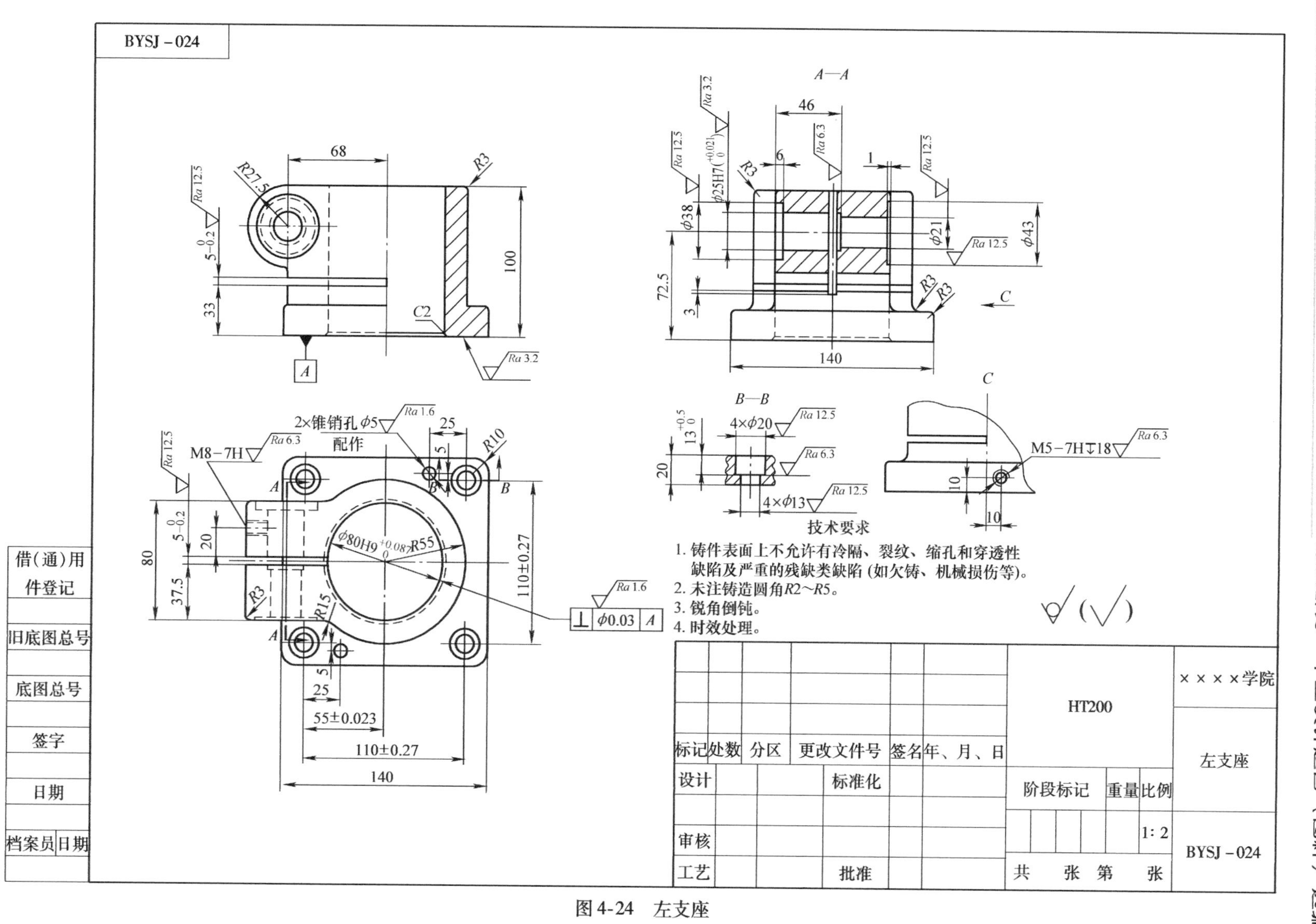
BYSJ－024
A—A
B—B
C
技术要求
1. 铸件表面上不允许有冷隔、裂纹、缩孔和穿透性缺陷及严重的残缺类缺陷(如欠铸、机械损伤等)。
2. 未注铸造圆角R2～R5。
3. 锐角倒钝。
4. 时效处理。
2×锥销孔ϕ5 配作
M8－7H
M5－7H↧18
4×ϕ20
4×ϕ13
ϕ80H9
ϕ25H7
ϕ0.03 A
110±0.27
55±0.023
HT200
××××学院
左支座
BYSJ－024
标记
处数
分区
更改文件号
签名
年、月、日
设计
标准化
审核
工艺
批准
阶段标记
重量
比例
1:2
共　张　第　张
借(通)用件登记
旧底图总号
底图总号
签字
日期
档案员
日期

图 4-24　左支座

附录　毕业设计说明书编写格式

1. 封面
2. 设计任务书
3. 目录
4. 设计说明书正文

序言

（1）零件的分析

（2）工艺规程设计及计算

（3）专用夹具设计及计算

5. 参考文献
6. 心得体会
7. 附录

（1）机械加工工艺过程卡片

（2）机械加工工序卡片

（3）专用夹具装配图（A1、A2、A3 图幅格式）

（4）专用夹具部分重要零件零件图（非标准件）（A4 图幅格式）

8. 毕业设计指导教师评语、毕业设计答辩小组评语
9. 毕业设计答辩记录表
10. 毕业设计成绩评定表

××××学院

宋体二号、加粗

华文新魏
小初号、加粗

毕业设计说明书

3号黑体，课题题目不得超过25个汉字

固定内容为宋体3号，加粗

课　　题 ______________________________

____

学生姓名 ______________________________

所填内容为黑体3号

专业班级 ______________________________

学　　号 ______________________________

系　　部 ______________________________

指导教师 ______________________________

设计日期 ______________________________

设计任务书

一、班级：　　　　姓名：

课题：□□□□□□□□□□□□□□□□□□□□

二、设计任务

1. □□□□□□□□□□□□

2. □□□□□□□□□□□□

3. □□□□□□□□□□□□

三、设计要求

1. □□□□□□□□□□□□。

2. □□□□□□□□□□□□。

3. □□□□□□□□□□□□。

四、设计期限：自　　年　　月　　日至　　年　　月　　日

五、指导教师：　　　　　　　　　　组长审核：

备注	1. 一律用钢笔书写。 2. 若填写内容较多，可增加同样大小的附页。

（附：课题零件图）

目■■录

3号黑体、加粗

4号黑体、加粗

序言

一、零件的分析

■（一）零件的作用

小4号宋体

■（二）零件的工艺分析

二、工艺规程设计

■（一）确定毛坯的制造形式

■（二）选择基准

■（三）制定工艺路线

■（四）确定机械加工余量、工序尺寸及毛坯尺寸

■（五）确定切削用量

三、专用夹具设计

■（一）问题的提出

■（二）夹具设计

四、参考文献

五、心得体会

六、附录

注：■表示1个空格（1个中文字符位置）

小5号宋体，居中

毕业设计课题题目（将自己的毕业设计课题题目作为页眉）

序■■言

3号黑体、加粗

■■□□□□□□□□□□□□□□□□□□□□□□□□□□□□□□□□
□□□□□□□□□□□□□□□□□□□□□□□□□□□□□□□□□□
□□□□□□□□□□□□□□□□□□□□□□□□□□□□□□□□□□
□□□□□□□□□□□□□□□□□□□□□□□□□□□□□□□□□□
□□□□□□□□□□□□□□□□□□□□□□□□□□□□□□□□□□
□□□□□□□。

正文部分：文字小4号，中文宋体；
英文和数字Times New Roman字体

一、零件的分析

3号黑体、加粗

■■（一）零件的作用

小3号黑体

■■□□□□□□□□□□□□□□□□□□□□□□□□□□□□□□□□
□□□□□□□□□□□□□□□□□□□□□□□课题零件（具体参见课题零件图）□□□□□□□□□□□□□□□□□□□□□□□□□□□□□
□□□□□□□□□□□□□□□□□□□□□□□□□□□□□□□□□□
□□□□□□□□□□□□□□□□□□□□□□□□□□□□□□□□□□
□□□□□□□□□□□□□。

正文部分：文字小4号，中文宋体；
英文和数字Times New Roman字体

■■（二）零件的工艺分析

小3号黑体

■■□□□□□□□□□□□□□□□□□□□□□□□□□□□□□□□□
□□□□□□□□□□□□□□□□□□□□□□□□□□□□□□□□□□
□□□□□□□□□□□□□□□□□□□□□□□□□□□□□□□□□□
□□□□□□□□□□□□□□□□□□□□□□□□□□□□□□□□□□
□□□□□□□□□□□□□□□□□□□□□□□□□□□□□□□□。

正文部分：文字小4号，中文宋体；
英文和数字Times New Roman字体

正文开始标注页码，位置居中

1

小5号宋体，居中

毕业设计课题题目（将自己的毕业设计课题题目作为页眉）

■■1. □□□□□□□ 4号黑体

■■□□□□□□□□□□□□□□□□□□□□□□□□□□□□□□□□
□□□□□□□□□□□□□□□□□□□□□□□。

正文部分：文字小4号，中文宋体；
英文和数字Times New Roman字体

■■2. □□□□□□□

■■□□□□□□□□□□□□□□□□□□□□□□□□□□□□□□□□
□□□□□□□□□□□□□□□□□□□□□□□□□□。

■■3. □□□□□□□

■■□□□□□□□□□□□□□□□□□□□□□□□□□□□□□□□□
□□□□□□□□□□□□□□□□□□□□□□□□□□。

■■（1）□□□□□□□□ 小4号黑体

■■□□□□□□□□□□□□□□□□□□□□□□□□□□□□□□□□
□□□□□□□□□□□□□□□□。

正文部分：文字小4号，中文宋体；
英文和数字Times New Roman字体

■■（2）□□□□□□□□

■■□□□□□□□□□□□□□□□□□□□□□□□□□□□□□□□□
□□□□□□□□□□□□□□□□。

■■（3）□□□□□□□□

■■□□□□□□□□□□□□□□□□□□□□□□□□□□□□□□□□
□□□□□□□□□□□□□□□□□。

注：如果下面还有编号，可依次用(1)，(2)，(3)…和1)，2)，3)…。正文中具体对某个问题进行说明，但并不属于全文的整体编号时，使用第一，第二，第三…进行分点说明。

■■4. □□□□□□□

■■□□□□□□□□□□□□□□□□□□□□□□□□□□□□□□□□
□□□□□□□□□□□□□□□□□□□□□□□□□□□□□□□□□□
□□□□□□□□□□□□□□□□□□□□□□□□□□□□□□□□□□
□□□□□□□□□□□□□□□□□□□□□□□□□□□□□。

正文开始标注页码，位置居中

2

小5号宋体，居中

毕业设计课题题目（将自己的毕业设计课题题目作为页眉）

二、工艺规程设计

3号黑体、加粗

■■（一）确定毛坯的制造形式

小3号黑体

■■□□□□□□□□□□□□□□□□□□□□□□□□□□□□□□□□
□□□□□□□□□□□□□□□□□□□□□□□□□□□□□□□□□□
□□□□□□□□□□□□□□□□□□□□□□□□□□□□□□□□□□
□□□□□□□□□□□□□□□□□□□□□□□□□□□□□□□□□□
□□□□□□□□□□□□□□□□□□□□□□□□□□□□□□□□□□
□□□□□□□□□□□□□□□□□□□□□□□□□□□□□□□□□□
□□□□□□□□□□□□□□□□□□□□□□□□□□□□□□□□□□
□□□□□□□□□□□□□□□□□。

正文部分：文字小4号，中文宋体；英文和数字Times New Roman字体

■■（二）选择基准

小3号黑体

■■□□□□□□□□□□□□□□□□□□□□□□□□□□□□□□□□
□□□□□□□□□□□□□□□□□□□□□□□□□□□□□□□□□□
□□□□□□□□□□□□□□□□□□□□□□□□□□□□□□□□□□
□□□□□□□□□□□□□□□□□□□□□□□□□□□□□□□□□□
□□□□□□□□□□□□□。

正文部分：文字小4号，中文宋体；英文和数字Times New Roman字体

■■1. 粗基准的选择

4号黑体

■■□□□□□□□□□□□□□□□□□□□□□□□□□□□□□□□□
□□□□□□□□□□□□□□□□□□□□□□□。

■■2. 精基准的选择

■■□□□□□□□□□□□□□□□□□□□□□□□□□□□□□□□□
□□□□□□□□□□□□□□□□□□□□□□□。

■■（三）制定工艺路线

小3号黑体

■■□□□□□□□□□□□□□□□□□□□□□□□□□□□□□□□□
□□□□□□□□□□□□□□□□□□□□□□□□□□□□□□□□□□
□□□□□□□□□□□□□□□□□□□□□□□□□□□□□□□□□□
□□□□□□□□□□□□□□。

正文部分：文字小4号，中文宋体；英文和数字Times New Roman字体

3　正文开始标注页码，位置居中

小5号宋体，居中

毕业设计课题题目（将自己的毕业设计课题题目作为页眉）

■■1. 工序1：□□□□□□□□□
■■（1）以□□□□定位，用□□□□□夹紧，（加工）□□□□□；
■■（2）（加工）□□□□□。
■■2. 工序2：□□□□□□□□□
■■（1）以□□□□定位，用□□□□□夹紧，（加工）□□□□□；
■■（2）（加工）□□□□□；
■■（3）（加工）□□□□□；
■■（4）（加工）□□□□□。

4号黑体

■■3. 工序3：□□□□□□□□□
■■（1）以□□□□定位，用□□□□□夹紧，（加工）□□□□□；
■■（2）（加工）□□□□□；

正文部分：文字小4号，中文宋体；英文和数字Times New Roman字体

■■（3）（加工）□□□□□；
■■（4）（加工）□□□□□。
■■（5）（加工）□□□□□；
■■（6）（加工）□□□□□；
■■（7）（加工）□□□□□。
■■4. 工序4：□□□□□□□□□
■■（1）以□□□□定位，用□□□□□夹紧，（加工）□□□□□；
■■（2）（加工）□□□□□。
■■5. 工序5：□□□□□□□□□
■■（1）以□□□□定位，用□□□□□夹紧，（加工）□□□□□；
■■（2）（加工）□□□□□。
■■6. 工序6：□□□□□□□□□
■■（1）以□□□□定位，用□□□□□夹紧，（加工）□□□□□；
■■（2）（加工）□□□□□。
■■7. 工序7：□□□□□□□□□
■■（1）以□□□□定位，用□□□□□夹紧，（加工）□□□□□；
■■（2）（加工）□□□□□。

4 正文开始标注页码，位置居中

小5号宋体，居中

毕业设计课题题目（将自己的毕业设计课题题目作为页眉）

■■8. 工序8：□□□□□□□□□

■■（1）以□□□□定位，用□□□□□夹紧，（加工）□□□□□；

■■（2）（加工）□□□□□。

■■9. 工序9：□□□□□□□□□

■■（1）以□□□□定位，用□□□□□夹紧，（加工）□□□□□；

■■（2）（加工）□□□□□。

■■10. 工序10：□□□□□□□□□

■■（1）以□□□□定位，用□□□□□夹紧，（加工）□□□□□；

■■（2）（加工）□□□□□。

■■（四）确定机械加工余量、工序尺寸及毛坯尺寸　小3号黑体

■■"（课题零件）"零件材料□□□□□□□□□□□，□□□□处理，硬度□□□□□□□□，毛坯为□□□□□□，生产类型为□□□□□，□□□□□□□□□□□□□□□□□□□□□□□□□□□□□□□□□□□。

■■根据上述原始资料及加工工艺，分别确定各加工表面的机械加工余量、工序尺寸及毛坯尺寸如下：

正文部分：文字小4号，中文宋体；英文和数字Times New Roman字体

■■1. 工序□：□□□□□□□□□

■■参照《机械加工工艺设计员手册》[1]表2. 4-4查得□□□□□□□□□□□□□□□□□□□□□□□□□□□□□□□□□□□□□。

■■2. 工序□：□□□□□□□□□

■■参照《机械加工工艺设计员手册》[1]表5. 2-1查得□□□□□□□□□□□□□□□□□□□□□□□□□□□□□□□□□□□□□。

文中参考文献的标注，小4号，Times New Roman字体，上标

■■3. 工序□：□□□□□□□□□

■■□□。

■■（1）□□□□□□□□　小4号黑体

■■□□。

正文部分：文字小4号，中文宋体；英文和数字Times New Roman字体

■■（2）□□□□□□□□

5　正文开始标注页码，位置居中

小5号宋体，居中

毕业设计课题题目（将自己的毕业设计课题题目作为页眉）

■■□□。

■■（3）□□□□□□□□

■■□□□。

注：如果下面还有编号，可依次用(1)，(2)，(3)…和①，②，③…。正文中具体对某个问题进行说明，但并不属于全文的整体编号时，使用第一，第二，第三…进行分点说明。

■■4. 工序□：□□□□□□□□□

■■□□□。

■■（五）确定切削用量

小3号黑体

■■□□。

正文部分：文字小4号，中文宋体；英文和数字Times New Roman字体

■■1. 工序□：□□□□□□□□□□

■■（1）加工条件：

小4号黑体

■■工件材料：□□□□□□□□。

■■加工要求：□□□□□□□□。

■■刀具：□□□□□□□□。

■■机床：□□□□□□□□。

正文部分：文字小4号，中文宋体；英文和数字Times New Roman字体

■■（2）计算切削用量：

■■1）□□□□□□□□。

■■确定进给量f：根据《金属切削手册》[2]查表9-10，□□□□□□□□，选用□□□□□□□□，取f=□。

文中参考文献的标注，小4号，Times New Roman字体，上标

■■确定背吃刀量：a_p=□。

■■确定切削速度v_c，根据《金属切削手册》[2]查表9-14：

■■□□□□□□□□，选v_c=□。

6

正文开始标注页码，位置居中

小5号宋体，居中

毕业设计课题题目（将自己的毕业设计课题题目作为页眉）

■■计算主轴转速：$n=\dfrac{v_c\times1000}{\pi\times d}$=□□，根据□□机床主轴转速表，选 n=□。

■■2）□□□□□□□□□□。

■■确定进给量 f：根据《金属切削手册》[2]查表9-10，□□□□□□□□□□，选用□□□□□□□□□□，取 f=□。

■■确定背吃刀量：a_p=□。

■■确定切削速度 v_c，根据《金属切削手册》[2]查表9-14：

■■□□□□□□□□□□，选 v_c=□。

■■计算主轴转速：$n=\dfrac{v_c\times1000}{\pi\times d}$=□□，根据□□机床主轴转速表，选 n=□。

■■3）□□□□□□□□□□。

■■确定进给量 f：根据《金属切削手册》[2]查表9-10，□□□□□□□□□□，选用□□□□□□□□□□，取 f=□。

注：如果下面还有编号，可依次用(1)，(2)，(3)…和1)，2)，3)…。正文中具体对某个问题进行说明，但并不属于全文的整体编号时，使用第一，第二，第三…进行分点说明。

■■**2. 工序□：□□□□□□□□□□□**

■■**（1）加工条件：**

■■工件材料：□□□□□□□□□□。

■■加工要求：□□□□□□□□□□。

■■刀具：□□□□□□□□□□。

■■机床：□□□□□□□□□□。

■■**（2）计算切削用量：**

■■1）□□□□□□□□□□。

■■确定进给量 f：根据《金属切削手册》[2]查表9-10，□□□□□□□□□□，选用□□□□□□□□□□，取 f=□。

■■确定背吃刀量：a_p=□。

■■确定切削速度 v_c，根据《金属切削手册》[2]查表9-14：

■■□□□□□□□□□□，选 v_c=□。

■■计算主轴转速：$n=\dfrac{v_c\times1000}{\pi\times d}$=□□，根据□□机床主轴转速表，选 n=□。

■■2）□□□□□□□□□□。

7　正文开始标注页码，位置居中

小5号宋体，居中

毕业设计课题题目（将自己的毕业设计课题题目作为页眉）

■■确定进给量f：根据《金属切削手册》[2]查表9-10，□□□□□□□□□，选用□□□□□□□□□，取f=□。

■■确定背吃刀量：a_p=□。

■■确定切削速度v_c，根据《金属切削手册》[2]查表9-14：

■■□□□□□□□□□，选v_c=□。

■■计算主轴转速：$n=\frac{v_c\times 1000}{\pi\times d}$=□□，根据□□机床主轴转速表，选$n$=□。

■■3. 工序□：□□□□□□□□□□

■■（1）加工条件：

■■工件材料：□□□□□□□□□。

■■加工要求：□□□□□□□□□。

■■刀具：□□□□□□□□□。

■■机床：□□□□□□□□□。

■■（2）计算切削用量：

■■① □□□□□□□□□。

■■确定进给量f：根据《金属切削手册》[2]查表9-10，□□□□□□□□□，选用□□□□□□□□□，取f=□。

■■确定背吃刀量：a_p=□。

■■确定切削速度v_c，根据《金属切削手册》[2]查表9-14：

■■□□□□□□□□□，选v_c=□。

■■计算主轴转速：$n=\frac{v_c\times 1000}{\pi\times d}$=□□，根据□□机床主轴转速表，选$n$=□。

■■② □□□□□□□□□。

■■确定进给量f：根据《金属切削手册》[2]查表9-10，□□□□□□□□□，选用□□□□□□□□□，取f=□。

■■确定背吃刀量：a_p=□。

■■确定切削速度v_c，根据《金属切削手册》[2]查表9-14：

■■□□□□□□□□□，选v_c=□。

■■计算主轴转速：$n=\frac{v_c\times 1000}{\pi\times d}$=□□，根据□□机床主轴转速表，选$n$=□。

8 正文开始标注页码，位置居中

小5号宋体，居中

毕业设计课题题目（将自己的毕业设计课题题目作为页眉）

■■4. 工序□：□□□□□□□□□

■■（1）加工条件：

■■工件材料：□□□□□□□□□。

■■加工要求：□□□□□□□□□。

■■刀具：□□□□□□□□□。

■■机床：□□□□□□□□□。

■■（2）计算切削用量

■■1）□□□□□□□□□。

■■确定进给量f：根据《金属切削手册》[2]查表9-10，□□□□□□□□□，选用□□□□□□□□□，取$f=$□。

■■确定背吃刀量：$a_p=$□。

■■确定切削速度v_c，根据《金属切削手册》[2]查表9-14：

■■□□□□□□□□□，选$v_c=$□。

■■计算主轴转速：$n=\dfrac{v_c\times 1000}{\pi\times d}=$□□，根据□□机床主轴转速表，选$n=$□。

■■2）□□□□□□□□□。

■■确定进给量f：根据《金属切削手册》[2]查表9-10，□□□□□□□□□，选用□□□□□□□□□，取$f=$□。

■■确定背吃刀量：$a_p=$□。

■■确定切削速度v_c，根据《金属切削手册》[2]查表9-14：

■■□□□□□□□□□，选$v_c=$□。

■■计算主轴转速：$n=\dfrac{v_c\times 1000}{\pi\times d}=$□□，根据□□机床主轴转速表，选$n=$□。

■■最后，将以上各工序切削用量、同其他加工数据，一并填入机械加工工艺过程卡片和机械加工工序卡片中。

三、专用夹具设计

3号黑体，加粗

■■为了提高劳动生产率，保证加工质量，降低劳动强度，通常需要设计专用夹具。□□□。

9

正文开始标注页码，位置居中

小5号宋体，居中

毕业设计课题题目（将自己的毕业设计课题题目作为页眉）

■■经过与指导老师协商，决定设计第□道工序——□□□□□□□□□□□□□□□□的□床专用夹具。本夹具将用于□□□□□□□□。通过此专用夹具设计使工件在一次装夹中完成□□□□□□□□□□□□□□□□□□□的加工，既提高了劳动生产率，又保证加工质量。

正文部分：文字小4号，中文宋体；英文和数字Times New Roman字体

■■（一）问题的提出

小3号黑体

■■□□。

正文部分：文字小4号，中文宋体；英文和数字Times New Roman字体

■■（二）夹具设计

小3号黑体

■■□□□。

正文部分：文字小4号，中文宋体；英文和数字Times New Roman字体

■■1. 定位基准的选择

4号黑体

■■□□。

正文部分：文字小4号，中文宋体；英文和数字Times New Roman字体

■■2. 切削力、夹紧力及平衡块的计算

4号黑体

■■（1）计算切削力：

小4号黑体

$$F = \sqrt{F_c^2 + F_p^2 + F_f^2} \qquad (2\text{-}1)$$

（如果有的话）

公式：公式另起一行居中打印

同行靠右注明公式序号，编号方法与图相同

10

正文开始标注页码，位置居中

小5号宋体，居中

■■查《机床夹具设计手册》[3]表1-2-3，□□□，F_c =□□□N。

■■查《机床夹具设计手册》[3]表1-2-3，□□□，F_p =□□□N。

文中参考文献的标注，小4号，Times New Roman字体，上标

■■查《机床夹具设计手册》[3]表1-2-3，□□□，F_f =□□□N。

正文部分：文字小4号，中文宋体；英文和数字Times New Roman字体

■■把各数据代入公式3-1，得：

■■ $F_{车} = \sqrt{F_c^2 + F_p^2 + F_f^2}$ =□□□N。

■■**（2）计算夹紧力：**

■■□□□。

正文部分：文字小4号，中文宋体；英文和数字Times New Roman字体

■■**（3）夹具的平衡计算：**

■■□□□。

正文部分：文字小4号，中文宋体；英文和数字Times New Roman字体

■■**3. 定位误差的分析** 4号黑体

■■（1）□□□□□□□□□□□□□误差能否满足要求。

■■□□，所以Δ_B=□□mm。

正文部分：文字小4号，中文宋体；英文和数字Times New Roman字体

■■□□，所以Δ_Y=□□mm。

 正文开始标注页码，位置居中

小5号宋体，居中

毕业设计课题题目（将自己的毕业设计课题题目作为页眉）

■■故：$\Delta_D = \Delta_Y \pm \Delta_B =$ □□mm < □□mm，所以定位能满足加工精度要求。

■■（2）□□□□□□□□□□□□□□□□误差能否满足要求。

■■□□□□□□□□□□□□□□□□□□□□□□□□□□□□□□□□□□□□□□□，所以 $\Delta_B =$ □□mm。

■■□□□□□□□□□□□□□□□□□□□□□□□□□□□□□□□□□□□□□□□，所以 $\Delta_Y =$ □□mm。

■■故：$\Delta_D = \Delta_Y \pm \Delta_B =$ □□mm < □□mm，所以定位能满足加工精度要求。

■■（3）□□□□□□□□□□□□□□□□误差能否满足要求。

■■□□□□□□□□□□□□□□□□□□□□□□□□□□□□□□□□□□□□□□□，所以 $\Delta_B =$ □□mm。

■■□□□□□□□□□□□□□□□□□□□□□□□□□□□□□□□□□□□□□□□，所以 $\Delta_Y =$ □□mm。

■■故：$\Delta_D = \Delta_Y \pm \Delta_B =$ □□mm < □□mm，所以定位能满足加工精度要求。

■■4. 夹具设计及操作的简要说明

4号黑体

■■□□□。

■■□□专用夹具的装配图及夹具的部分重要零件零件图见附图。

正文部分：文字小4号，中文宋体；英文和数字Times New Roman字体

12

正文开始标注页码，位置居中

小5号宋体，居中

毕业设计课题题目（将自己的毕业设计课题题目作为页眉）

四、参考文献

3号黑体、加粗

■■［1］陈宏钧．机械加工工艺设计员手册［M］．北京：机械工业出版社，2009.

■■［2］上海市金属切削技术协会．金属切削手册［M］．2版．上海：上海科学技术出版社，1984.

■■［3］王光斗，王春福．机床夹具设计手册［M］．3版．上海：上海科学技术出版社.

■■［4］宋小龙，安继儒．新编中外金属材料手册［M］．北京：化学工业出版社，2007.

■■［5］方昆凡．公差与配合实用手册［M］．北京：机械工业出版社，2005.

■■［6］朱耀祥，浦林祥．现代夹具设计手册［M］．北京：机械工业出版社，2010.

■■［7］吴宗泽．机械零件设计手册［M］．北京：机械工业出版社，2003.

小4号宋体

注：

（1）按论文中参考文献出现的先后顺序用阿拉伯数字连续编号，并与文中的编号顺序相对应。

（2）参考文献中每条项目应齐全。文献中的作者不超过三位时全部列出；超过三位时只列出前三位，后而加“，等”字；作者姓名之间用逗号分开；中外人名一体采用姓在前，名在后的著录法。

（3）版次若为第1版应省略。

13　正文开始标注页码，位置居中

小5号宋体，居中

毕业设计课题题目（将自己的毕业设计课题题目作为页眉）

五、心得体会

3号黑体、加粗

■■□□□□□□□□□□□□□□□□□□□□□□□□□□□□□□□□
□□□□□□□□□□□□□□□□□□□□□□□□□□□□□□□□□□
□□□□□□□□□□□□□□□□□□□□□□□□□□□□□□□□□□
□□□□□□□□□□□□□□□□□□□□□□□□□□□□□□□□□□
□□□□□□□□□□□□□□□□□□□□□□□□□□□□□□□□□□
□□□□□□□□□□□□□□□□□□□□□□□□□□□□□□□□□□
□□□□□□□□□□□□□□□□□□□□□□□□□□□□□□□□□□
□□□□□□□□□□□□□□□□□□□□□□□□□□□□□□□□□□
□□□□□□□□□□□□□□□□□□□□□。

小4号宋体

14

正文开始标注页码，位置居中

小5号宋体，居中

毕业设计课题题目（将自己的毕业设计课题题目作为页眉）

六、附■■录

3号黑体、加粗

■■1. 机械加工工艺过程卡片

4号黑体

■■2. 机械加工工序卡片

■■3. 专用夹具装配图

■■4. 专用夹具部分重要零件零件图（非标准件）

15

正文开始标注页码，位置居中

机械加工工艺过程卡片	产品型号		零件图号		总1页	第1页
	产品名称		零件名称		共1页	第1页

材料牌号		毛坯种类		毛坯外形尺寸		每毛坯可制件数		每台件数		备注	

工序号	工序名称	工序内容	车间	工段	设备	工艺装备	工时	
							准终	单件

描图

描校

底图号

装订号

										设计（日期）	审核（日期）	标准化（日期）	会签（日期）	
标记	处数	更改文件号	签字	日期	标记	处数	更改文件号	签字	日期					

机械加工工序卡片	产品型号		零件图号		总1页	第1页
	产品名称		零件名称		共1页	第1页

车间	工序号	工序名称	材料牌号
毛坯种类	毛坯外形尺寸		每台件数
设备名称	设备型号	设备编号	同时加工件数
夹具编号	夹具名称	切削液	
工位器具编号	工位器具名称	工序工时	
		准终	单件

工步号	工步内容	工艺设备	主轴转速/(r/min)	切削速度/(m/min)	进给量/(mm/r)	背吃刀量/mm	进给次数	工步工时 机动	工步工时 辅助

描图	
描校	
底图号	
装订号	

标记	处数	更改文件号	签字	日期	标记	处数	更改文件号	签字	日期	设计（日期）	审核（日期）	标准化（日期）	会签（日期）	

标记	处数	分区	更改文件号	签名	年、月、日

设计		标准化		阶段标记				重量	比例
									1:1
审核									
工艺		批准		共　张				第　张	

借（通）用件登记	旧底图总号	底图总号	签字	日期	档案员日期

借（通）用件登记
旧底图总号
底图总号
签字
日期
档案员 日期

标记	处数	分区	更改文件号	签名	年、月、日		
设计			标准化			阶段标记	重量	比例
								1∶1
审核								
工艺			批准			共　张　第　张		

指导教师评语：

成绩__________

签名__________

年　　月　　日

答辩小组评语：

成绩__________

签名__________

年　　月　　日

××××学院毕业设计答辩记录表

________年________月________日

<table>
<tr><td>班级</td><td></td><td>姓名</td><td></td><td>答辩时间</td><td></td></tr>
<tr><td>课题名称</td><td colspan="5"></td></tr>
<tr><td rowspan="5">答辩
小组
成员</td><td>姓名</td><td colspan="2">单位</td><td>职称</td><td>备注</td></tr>
<tr><td></td><td colspan="2"></td><td></td><td></td></tr>
<tr><td></td><td colspan="2"></td><td></td><td></td></tr>
<tr><td></td><td colspan="2"></td><td></td><td></td></tr>
<tr><td></td><td colspan="2"></td><td></td><td></td></tr>
</table>

<table>
<tr><td rowspan="2">序号</td><td rowspan="2">提问主要问题</td><td colspan="4">回答情况</td><td rowspan="2">提问人</td></tr>
<tr><td>好</td><td>较好</td><td>基本正确</td><td>错误</td></tr>
<tr><td>1</td><td></td><td></td><td></td><td></td><td></td><td></td></tr>
<tr><td>2</td><td></td><td></td><td></td><td></td><td></td><td></td></tr>
<tr><td>3</td><td></td><td></td><td></td><td></td><td></td><td></td></tr>
<tr><td>4</td><td></td><td></td><td></td><td></td><td></td><td></td></tr>
<tr><td>5</td><td></td><td></td><td></td><td></td><td></td><td></td></tr>
<tr><td>6</td><td></td><td></td><td></td><td></td><td></td><td></td></tr>
<tr><td>7</td><td></td><td></td><td></td><td></td><td></td><td></td></tr>
<tr><td>8</td><td></td><td></td><td></td><td></td><td></td><td></td></tr>
<tr><td>9</td><td></td><td></td><td></td><td></td><td></td><td></td></tr>
<tr><td>10</td><td></td><td></td><td></td><td></td><td></td><td></td></tr>
<tr><td>11</td><td></td><td></td><td></td><td></td><td></td><td></td></tr>
<tr><td>12</td><td></td><td></td><td></td><td></td><td></td><td></td></tr>
<tr><td>13</td><td></td><td></td><td></td><td></td><td></td><td></td></tr>
<tr><td>14</td><td></td><td></td><td></td><td></td><td></td><td></td></tr>
<tr><td>15</td><td></td><td></td><td></td><td></td><td></td><td></td></tr>
</table>

毕业设计（论文）成绩评定表		成绩	指导教师	答辩小组
设计能力	能正确地独立思考与工作，理解力强，有创造性	优		
	能理解所学的内容，有一定的独立工作能力	良		
	理解力、设计能力虽一般，但尚能独立工作	中		
	理解力、设计能力一般，独立工作能力不够	及		
	理解力、设计能力差，依赖性大，不加消化地照抄照搬	不		
设计内容	能全面考虑问题，设计方案合理，在某些方面解决得较好，有创见	优		
	能较全面考虑问题，设计方案中无错误	良		
	考虑问题还算全面，设计方案中有个别错误	中		
	考虑问题稍欠全面，设计方案中有些错误	及		
	考试问题片面，设计方案中有原则性和重大的错误	不		
表达能力	设计内容表现很好，制图细致清晰，说明书简明扼要	优		
	设计内容表现较好，制图清晰，说明书能表达设计意图	良		
	设计内容表现还好，制图还清晰，说明书尚能表达设计意图	中		
	设计内容表现一般，制图一般，说明书尚能表达设计意图	及		
	设计内容表现较差，制图粗糙，不清晰不整洁，说明书不能表达设计内容	不		
设计态度	学习与设计态度认真踏实，肯钻研，虚心	优		
	学习与设计态度认真、主动	良		
	学习与设计态度尚认真	中		
	学习与设计要求不严	及		
	学习与设计态度马虎	不		
答辩成绩	介绍方案简明扼要，能正确回答所提出的问题	优		
	介绍方案能表达设计内容，能正确回答所提出的问题	良		
	介绍方案能表达设计内容，基本上能正确回答所提出的问题	中		
	介绍方案尚能表达设计内容，能正确回答所提出的问题	及		
	介绍方案不能表达设计内容，不能正确回答所提出的问题	不		
题目难度系数（0.7～1.2）				

指导教师建议成绩__________________（签名）　　________年________月________日

答辨小组建议成绩__________________（签名）　　________年________月________日

答辩委员会评定成绩__________________（签名）　　________年________月________日

注：1. 各栏成绩可按优、良、中、及、不等打分。

2. 难度系数标准为1，偏难或偏易酌情打分。

参考文献

[1] 吴拓. 机械制造工艺与机床夹具课程设计指导 [M]. 2版. 北京：机械工业出版社，2010.
[2] 张龙勋. 机械制造工艺学课程设计指导书及习题 [M]. 北京：机械工业出版社，1994.
[3] 陈宏钧. 机械加工工艺设计员手册 [M]. 北京：机械工业出版社，2009.
[4] 上海市金属切削技术协会. 金属切削手册 [M]. 2版. 上海：上海科学技术出版社，1984.
[5] 王光斗，王春福. 机床夹具设计手册 [M]. 3版. 上海：上海科学技术出版社，1986.
[6] 宋小龙，安继儒. 新编中外金属材料手册 [M]. 北京：化学工业出版社，2007.
[7] 方昆凡. 公差与配合实用手册 [M]. 北京：机械工业出版社，2005.
[8] 朱耀祥，浦林祥. 现代夹具设计手册 [M]. 北京：机械工业出版社，2010.
[9] 吴宗泽. 机械零件设计手册 [M]. 北京：机械工业出版社，2003.
[10] 李旦. 机械加工工艺手册 [M]. 2版. 北京：机械工业出版社，2007.
[11] 赵如福. 金属机械加工工艺人员手册 [M]. 4版. 上海：上海科学技术出版社，2006.
[12] 孙本绪，熊万武. 机械加工余量手册 [M]. 北京：国防工业出版社，1999.